新型农民现代农业技术与技能培训丛书

豆类蔬菜园艺工培训教材

（南方本）

主　编
别之龙

编著者
别之龙　程晓东　张媛媛
亢　敏　王兴国　范墨林

金盾出版社

内容提要

本书是“新型农民现代农业技术与技能培训丛书”的一个分册，由华中农业大学园艺林学学院别之龙教授主编。主要内容包括：豆类蔬菜园艺工的岗位职责与素质要求、须具备的基础知识，豆类蔬菜育苗技术，豇豆、菜豆、豌豆、毛豆、四棱豆、扁豆、蚕豆、利马豆的栽培管理技术，豆类蔬菜病、虫、草害防治技术，豆类蔬菜的采收和采后处理技术等13章。本书内容丰富，技术先进、可操作性强，文字通俗易懂。可作为县(市)举办豆类蔬菜园艺工的培训教材，亦可作为广大农民提高豆类蔬菜栽培管理技术的自学读物。

图书在版编目(CIP)数据

豆类蔬菜园艺工培训教材：南方本/别之龙主编．—北京：金盾出版社，2008.6
(新型农民现代农业技术与技能培训丛书)
ISBN 978-7-5082-5114-1

Ⅰ.豆… Ⅱ.别… Ⅲ.豆类蔬菜-蔬菜园艺-技术培训-教材
Ⅳ.S643

中国版本图书馆 CIP 数据核字(2008)第 070796 号

金盾出版社出版、总发行
北京太平路5号(地铁万寿路站往南)
邮政编码：100036 电话：68214039 83219215
传真：68276683 网址：www.jdcbs.cn
封面印刷：北京兴华印刷厂
正文印刷：北京2207工厂
装订：双峰装订厂
各地新华书店经销
开本：850×1168 1/32 印张：4.625 字数：110千字
2008年6月第1版第1次印刷
印数：1—10000册 定价：9.00元

序　言

中共中央、国务院[2007]1号文件明确指出，加强“三农”工作，积极发展现代农业，扎实推进社会主义新农村建设，是全面落实科学发展观、构建社会主义和谐社会的必然要求，是加快社会主义现代化建设的重大任务。

我国农业人口众多，发展现代农业、建设社会主义新农村，是一项伟大而艰巨的综合工程，不仅需要深化农村综合改革、加快建立投入保障机制、加强农业基础建设、加大科技支撑力度、健全现代农业产业体系和农村市场体系，而且必须注重培养新型农民，造就建设现代农业的人才队伍。

胡锦涛总书记在党的十七大报告中进一步指出，要培育有文化、懂技术、会经营的新型农民，发挥亿万农民建设新农村的主体作用。

新型农民是一支数以亿计的现代农业劳动大军，这支队伍的建立和壮大，只靠学校培养是远远不够的，主要应通过对广大青壮年农民进行现代农业技术与技能的培训来实现。金盾出版社在对农业岗位培训进行广泛调研的基础上，与中国农业大学老科技工作者协会、华中农业大学老教授协会等单位共同策划，约请数百名农业专家、学者参加，组织编写了“新型农民现代农业技术与技能培训丛书”（以下简称“丛书”）。“丛书”坚持从现阶段我国青壮年农民的文化技术水平出发，突出现代农业技术与技能的传授，注重其先进性和实用性；“丛书”以教材形式编写，共有88个分册，涉及81个农业岗位，除水稻农艺工、蔬菜园艺工、蔬菜植保员、果树植保员分南方本和北方本外，其他均为一个岗位一本培训教材，以方便县（市）、乡（镇）、村组织新型农民培训和农业企业进行岗位培训时选用。“丛书”的组编和出版，还得到了河北农业大学、沈阳农业大学、西北农林科技大学、甘肃农业大学、北京农学院、山东畜牧兽医职业技术学院、大连民族学院、中国农业科学院茶叶研究所、中国农业科学院油料研究所、中国农业科学院郑州果树研究所、中国农业科学院特产研究所、中国农业科学院桑蚕研究所、中国养蜂学会、内蒙古自治区农牧科学院、甘肃省蔬菜研究所、山东省果树研究所、广西壮族自治区柑桔研究所、山西省畜牧兽医研究所等单位部分专家、教授的支持和参与，并列入劳动和社会保障部《全国职业培训与技能鉴定用书目录》，进行推荐，使我们深感欣慰，在此表示衷心感谢。我们希望和相信，通过“丛书”的出版发行，能为新型农民队伍的发展壮大贡献一份力量，也能为现代农业技术与技能培训积累一些可供借鉴的经验。

“丛书”编写时间有限，各分册存在不足或错漏在所难免，恳请同仁和各使用单位批评指正。

编委会

2008年1月

目　录

第一章　豆类蔬菜园艺工的岗位职责与素质要求

一、岗位职责

豆类蔬菜园艺工是进行豆类蔬菜生产的专业人员，其主要社会责任是向广大消费者提供安全、卫生、优质、营养于一体的豆类蔬菜产品。为此，从业者需掌握豆类蔬菜栽培的各个环节的种植技术措施和管理要求。主要负责完成和做好以下几项工作。

一是菜豆、豇豆等当地(场、所、公司或基地等)主要豆类蔬菜的播种、育苗与定植(栽植)工作。

二是菜豆、豇豆等主要豆类蔬菜的田间管理工作。

三是菜豆、豇豆等主要豆类蔬菜的采后处理工作。

四是菜豆、豇豆等部分豆类蔬菜设施栽培管理及采后处理工作。

五是菜豆、豇豆等主要豆类蔬菜良种繁育的工作。

二、素质要求

(一)职业道德

豆类蔬菜的生产与销售受市场的影响较大，同时与当地消费习惯有关，因此要使豆类蔬菜生产的产品能获得较高的经济价值，必须注意市场动态和消费需求。为此，要求豆类蔬菜园艺工具备以下职业道德。

一是遵纪守法，爱岗敬业。

二是工作积极主动,随时掌握市场需求,具有市场竞争意识和能力。

三是注重理论知识及技能的学习和提高。

四是注重保护环境。

五是树立为人民服务的思想,将所掌握的技术传授给身边的人,带动大家共同富裕。

(二)专业素质

1. 豆类蔬菜园艺工须具备的基础知识 ①菜豆、豇豆等主要豆类蔬菜生物学特性和对环境条件的要求。②菜豆、豇豆等主要豆类蔬菜生产计划的制订原则,种植计划的编制和田间管理方案的制订。③豆类蔬菜生产的安全知识,包括安全使用农药、安全用电、安全使用肥料和农机具等方面的知识。④掌握和了解国家的相关法律法规知识,如农业法、农业技术推广法、种子法和农业标准化等方面的相关内容和知识。

2. 豆类蔬菜园艺工应掌握的基本技能 ①无公害豆类蔬菜产地环境、产品质量标准及生产技术规范要求。②菜豆、豇豆等主要豆类蔬菜播种、育苗与定植(栽植)技术。③菜豆、豇豆等主要豆类蔬菜田间管理技术。④菜豆、豇豆等主要豆类蔬菜采后处理技术。⑤菜豆、豇豆等部分豆类蔬菜设施栽培管理技术。⑥菜豆、豇豆等主要豆类蔬菜良种繁育技术。

思考题

1. 如何理解豆类蔬菜园艺工的岗位职责?
2. 作为一名豆类蔬菜园艺工应具备哪些职业道德?
3. 豆类蔬菜园艺工应该了解和掌握哪些知识和技能?

第二章　豆类蔬菜园艺工须具备的基础知识

一、豆类蔬菜概述

（一）豆类蔬菜的特征特性

豆类蔬菜属于豆科植物，在我国栽培的豆类蔬菜主要有豇豆、菜豆、豌豆、蚕豆、毛豆、扁豆、刀豆、四棱豆、利马豆等。其中栽培比较普遍的有豇豆、菜豆、豌豆、蚕豆、毛豆等。

1. 植物学特征

（1）根　豆类蔬菜的根属于直根系，入土深，并发生很多侧根，在侧根上再生侧根，形成豆类蔬菜强大的圆锥形根系。豆类蔬菜的大部分根群分布在20～30厘米的表土层。除此之外，豆类蔬菜还可在胚轴和匍匐茎上产生不定根。豆类蔬菜一般采用直播，因为其根系易木栓化，再生能力弱。但有时为了争取早熟，也可采用营养钵育苗移栽。豆类蔬菜根系最重要的特征是根瘤菌与豆科植物共生形成根瘤，真菌与根形成共生联合体菌根，从而极大地提高了豆类蔬菜的固氮能力。

（2）茎　豆类蔬菜的茎多为草质茎，茎上有节，节上分枝。茎秆光滑或具沟槽或具茸毛。豆类蔬菜按茎秆的生长特征可以分为直立型、丛生型、半蔓生型和蔓生型。菜豆是直立型，豇豆是半蔓生型，利马豆是丛生型或蔓生型，四棱豆是蔓生型或攀缘型。按茎的生长习性可以把豆科蔬菜分为矮生种和蔓生种。

（3）叶　豆类蔬菜的叶片有子叶和真叶之分。子叶肾形，提供发芽和幼苗生长所需营养。出苗时由于子叶下胚轴的延伸能力不同出现了子叶出土和子叶不出土两种情况。子叶出土的有菜豆、豇豆、刀豆、利马豆等，其子叶不仅能贮藏营养，还是光合作用的器官，所以在播种时覆土不宜太深；荷兰豆、四棱豆则属于子叶不出土的类型，这种类型子叶仅是贮藏营养的器官，在播种时覆土可以稍厚。豆类蔬菜的真叶也有两种类型。一种是初生真叶为单叶，其后长出三出复叶；另一种是初生真叶为鳞叶，而后长出羽状复叶。菜豆、豇豆、四棱豆、刀豆的真叶属于前者，而豌豆、蚕豆属于后者。豆类蔬菜的叶片表面光滑或具茸毛。

(4)花　蝶形花。花腋生或顶生，少数单生，多数着生在总状花序的花梗上。花冠有 5 瓣，最上方 1 片是旗瓣(在花瓣中最大)，两侧 2 片是翼瓣，下方 2 片边缘联合叫龙骨瓣。雄蕊和雌蕊被龙骨瓣包围。雌蕊 1 枚，柱头上部弯曲；雄蕊 10 枚，9 枚连体，1 枚分离。花药成熟时为黄色。花冠的颜色和大小因豆类蔬菜种类和品种的不同而不同，但多数豆类蔬菜花的花冠较大、颜色艳丽。豆类蔬菜多自花授粉，开花较多，但结荚率很低，因此在栽培中要采取有效措施防止落花落荚。

(5)果实　为荚果或豆荚，其长短大小因不同的种类和品种而有差异。荚皮光滑或有茸毛或具有缢裂、纵脊条，其颜色也在种类和品种间表现出差异。在荚果上还有背缝线和腹缝线，有的只具有其中的一种。有些豆类蔬菜的荚果上还具有革质细胞，而有些种类其荚果上没有。根据这个特征，豆类蔬菜荚果分为软荚类和硬荚类，软荚类豆类蔬菜以采收嫩荚为主，而硬荚类的豆类蔬菜以采收嫩豆粒为主。

(6)种子　豆类蔬菜的种子由种皮、子叶、胚 3 部分组成，由胚珠发育而成，无胚乳，是真正意义上的种子。种子的粒形、大小、色泽因种类与品种不同而呈现多样化。豆类蔬菜种子的种脐明显，多数有颜色，还有两片肥厚的子叶把胚夹在中间，是双子叶植物。豆类蔬菜种子除上述特点之外，由于作物遗传性、种子老熟、环境条件等原因使豆类蔬菜种子中形成了一种硬实的种子，这种种子因种皮不透水而不能发芽。豆类蔬菜种子的生活力与其所含的蛋白质、脂肪多少有关，其中豇豆种子生活力最强、可保持6～7年，菜豆次之，大豆最差、只能保持1～2年。

2. 生长发育周期　豆类蔬菜生长发育周期指播种发芽至嫩豆荚或豆粒成熟采收为止的全部生长发育过程。可分为营养生长期和生殖生长期。营养生长阶段分为发芽期、幼苗期(蔓生种还有抽蔓期)。营养生长到一定阶段就到了生殖生长期。豆类蔬菜生长到一定节数即进入生殖生长阶段。生殖生长阶段要经历花芽分化期、现蕾开花期、结荚期。花芽分化一般是从营养生长过渡到生殖生长的形态标志。现蕾开花期是生殖生长的关键时期，对环境反应很敏感，是水分和温度的临界期。豆类蔬菜从现蕾至受精一般需7天左右。结荚期是营养生长和生殖生长并存的时期，所以要求充足的光照、水分、空气和养分供应(特别是磷和钙)。

3. 对环境条件的要求

(1)温度　根据对温度的不同要求可将豆类蔬菜分为两种类型：一类是喜冷凉豆类蔬菜，适宜温度为15℃～20℃，所能承受的最低温为4℃，全生育期所需积温较少。另一类是喜温暖豆类蔬菜(包括菜豆、豇豆、刀豆、利马豆、四棱豆等)，适宜温度为20℃～30℃，能承受的最低温为10℃。

(2)光照　根据对光照的不同要求也可将豆类蔬菜分为两类：一是长日照喜凉植物，在14小时以上的日照下才能正常开花，如荷兰豆。二是短日照喜温植物，在14小时以下的日照下才能正常开花，如菜豆、豇豆、刀豆等。不过，同一种豆类蔬菜的不同品种对日照时间反应敏感度不同。例如菜豆、豇豆中的多数品种对日照长短反应不敏感，而四棱豆、刀豆、利马豆的部分品种反应敏感。

豆类蔬菜对光照强度的要求也不同。但在光照充足时，植株生长健壮，开花结荚多，根瘤形成多而提高了固氮能力，还促进了根对磷的吸收；而光照不足时，开花结荚少，落花落荚多，根瘤形成减少。

(3)水分　豆类蔬菜喜湿润，但由于其根系发达，吸水力强，故耐旱能力强。豆类蔬菜在生育期，特别是发芽期和开花结荚期要求较多的水分，对缺水反应最敏感。而在种子成熟采收时则要避免雨水多，否则种子易萌发，也易感染病害。豆科蔬菜要求适宜的土壤最大持水量为60%～75%，适宜的空气相对湿度为65%～80%。

(4)土壤与养分　豆类蔬菜对土壤要求不严格，以土质疏松、土层深厚、排水良好的中性或微酸性壤土或砂壤土为好。豆类蔬菜除了需要碳、氢、氧、氮、磷、硫、钾、钙、镁、铁、锰、锌、铜、硼、钼、氯等16种必需营养元素以外，还需要功能元素硒和钴。土壤本身并不能供给这些所有的营养元素，所以在栽培中要配合施肥。

(二)豆类蔬菜的栽培形式

豆类蔬菜具有很高的营养价值。近年来，随着园艺设施在蔬菜栽培中的应用，豆类蔬菜通过提前或延后栽培，基本实现了周年供应。豆类蔬菜的栽培形式主要有以下几种模式。

1. 设施栽培

(1)春提前栽培　利用大棚、温室、多层覆盖等保护措施，提前播种定植，提前上市。主要有春季地膜覆盖栽培，小拱棚加地膜覆盖早春栽培，大、中棚加地膜覆盖春早熟栽培等。

(2)秋延后栽培　可分为中、小棚秋延后栽培和大棚秋延后栽培，这样可以适当延迟播种时间，延后上市，延长供应期。

2. 露地栽培　豆类蔬菜的露地栽培主要分为春播和秋播。具体的栽培季节与形式因蔬菜种类和种植地的不同有所差异。

另外，豆类蔬菜不宜连作，应实行轮作。并且因为豆类蔬菜根瘤与茎叶有良好的肥田作用，所以它在轮作中是其他蔬菜或农作物的良好前茬。

二、豆类蔬菜生产计划制订

制订豆类蔬菜的生产计划时，首先要符合国家种植政策，以市场为导向；其次要因地制宜，生产优质产品，从而占有市场份额。生产种植计划与田间管理方案制订的主要环节和要求如下。

一是选择生产基地。选择适合菜豆、豇豆等豆类蔬菜生产的基地。对基地的选择标准应符合无公害食品对产地土壤、灌溉水、大气等有关质量标准。

二是选择种植品种。应选择适合当地市场消费、生态气候特点和种植茬口的优良品种。

三是制订种植制度。应根据当地气候特点制订合理的种植制度，明确播种、定植、上市时期及与其他蔬菜之间的衔接。

四是更新栽培技术。提倡在豆类蔬菜栽培中使用蔬菜生产新技术，包括设施栽培技术、节水灌溉技术、病虫害综合防治技术等，以推动栽培技术的进步。

五是优化施肥技术。根据栽培地土壤的理化性质和不同豆类蔬菜的需肥特点制订合理的施肥计划，将配方施肥技术灵活运用到豆类蔬菜栽培的施肥中。

六是强化病虫害防治。了解和掌握菜豆、豇豆等豆类蔬菜栽培过程中的主要病虫害种类和发生规律，制订病虫害的综合防治技术。

七是采收与贮藏保鲜。了解和掌握豆类蔬菜的采收和贮藏技术要点，制订合理的采收和贮藏技术方案。

八是蔬菜采后处理。掌握豇豆、毛豆等豆类蔬菜采后加工技术要点，制订相关的采后处理方案。

三、豆类蔬菜生产安全知识

(一)安全使用农药知识

农药是一种必不可少的农业生产资料,在蔬菜的病、虫、草害防治中起着重要作用。但农药对环境和蔬菜的公害十分严重,对人类的健康危害亦很大。因此,使用农药时应考虑到人、畜和其他有益生物的安全及对环境的污染问题。通常所指的农药安全使用,主要是针对人、畜的安全。农药急性中毒事故,大都是由于误食、滥用、操作不当、对剧毒农药管理不严所引起。农药慢性中毒,主要是使用不当所造成。应针对这些中毒原因,制订出农药的安全使用和保管措施。

1. 严格遵守操作规程 配药或拌种要有专人负责。配药时液剂要用量杯,粉剂则用秤称,按规定倍数稀释,不得任意提高使用浓度。拌种必须用工具搅拌,严禁与手接触。施药前,要检查和修理好配药和施药工具。施药人员,必须选择工作认真、身体健康、懂得使用技术的成年人。小孩,体弱多病、患皮肤病或农药中毒治愈不久的人,怀孕、哺乳及经期的妇女应尽量不接触或少接触农药。使用农药必须穿长袖衣和长裤,戴口罩,禁止吃东西、抽烟和说话开玩笑。施药工具中途出现故障,要放气减压洗净后再修理。每天实际操作时间,不宜超过 6 小时,连续打药 3～4 天后应换工 1 次。收工时,要用肥皂及时洗净手、脸,换洗衣裤等。凡接触药剂的用具,应先用 5%～10%碱水或石灰水浸泡,再用清水洗净。

2. 严格遵守农药施用准则 我国农药施用准则国家标准中对农药的品种(有效成分)、剂型、常用量、最高药量、施药方法、最高使用次数、最后 1 次施药与收获的间隔天数(安全间隔期)、实施说明和最高残留限量都做了具体规定。要针对病、虫、草害发生的种类和情况,选用合适的农药品种、剂型和有效成分。要根据规定适量用药,不能随意加大用药量。施药次数多少对蔬菜产品和环境影响很大,不能随意增加施药次数。生产无公害蔬菜和绿色食品蔬菜都应尽可能减少农药使用的次数。遵守农药使用的安全间隔期是保证产品中农药残留量低于最大允许残留量的重要措施,应严格遵守。蔬菜产品的采收,一定要超过农药的安全间隔期,切记在蔬菜采收前不可任意施药。

3. 严格掌握农药使用范围　每种农药均有一定的限用条件,因此在购买使用之前要详细阅读标签和说明书。按照国家有关规定,高毒农药、高残留农药严禁在蔬菜上使用。

中华人民共和国农业部发布的第199号公告规定了国家禁止使用的农药与在蔬菜、果树、茶叶和中草药材上不得使用和限制使用的农药清单如下。

(1)国家明令禁止使用的农药(18种)　六六六、滴滴涕、毒杀芬、二溴氯丙烷、杀虫脒、二溴乙烷、除草醚、艾氏剂、狄氏剂、汞制剂、砷类、铅类无机制剂、敌枯双、氟乙酰胺、甘氟、毒鼠强、氟乙酸钠、毒鼠硅。

(2)在蔬菜、果树、茶叶和中草药材上不得使用和限制使用的农药(19种)　甲胺磷、甲基对硫磷、对硫磷、久效磷、磷胺、甲拌磷、甲基异柳磷、特丁硫磷、甲基硫环磷、治螟磷、内吸磷、克百威、涕灭威、灭线磷、硫环磷、蝇毒磷、地虫硫磷、氯唑磷、苯线磷。

三氯杀螨醇、氰戊菊酯不得用于茶树上。

任何农药产品都不得超出农药登记批准的使用范围使用。

4. 严格掌握农药使用技术

(1)坚持先试验后使用　用新农药必须进行生物测定,以便明确该农药的适用范围、防治对象、防治时期、用药剂量或浓度、施药方法及注意事项等应用技术。

(2)合理选用农药　轮换使用农药,合理复配混合农药。要称准农药剂量,配准农药浓度,掌握好施药时期。在作物对病虫害具有抵抗力的时期内,选择对防治对象比较适宜的阶段用药。采用恰当的施药方法,注意施药质量。正确选择施药方法的主要依据有以下 3 点:①根据农药性能及对作物的敏感性来确定施药方法。②根据农药剂型确定相应的施药方法,如水剂、乳油适宜于喷雾,粉剂、颗粒剂适宜于拌种或喷撒。③根据天气状况灵活选用相应的施药方法,如在大风天,不宜用喷雾方法。施用广谱性除草剂,而宜采用涂抹的方法,以防雾滴飘移引起作物药害。

5. 健全农药保管制度　农药要有专人、专仓或专柜保管,并必须加锁,绝对不能和食物混放一室,更不能放在卧房。要有出入登记帐簿。用过的空瓶、药袋要收回妥善处理,不得随意拿放,更不得盛装食物。施药的器具也要有明显的标记,不可随便乱用。如果发现药瓶上标签脱落,应随即补贴,以防误用。

(二)安全用电知识

1. 用电安全的基本原则　①防止电流经由身体的任何部位通过。②限制可能流经人体的电流,使之小于电击电流。③在故障情况下,触及外露可导电部分时,可能引起流经人体的电流等于或大于电击电流时,能在规定时间内自动断开电流。④正常工作时的热效应防护,应使所在场所不会发生因地热或电弧引起可燃物燃烧或使人遭受灼烧的危险。

2. 电击防护的基本措施　①直接接触防护应选用绝缘、屏护、安全距离、限制放电能量 24 伏,及其以下安全特低电压,用漏电保护器作补充保护或间接接触防护的一种或几种措施。②间接接触防护应选用双重绝缘结构,安全特低电压,电气隔离,不接地的局部等电位连接,不导电场所,自动断开电源,电工用个体防护用品或保护接地(与其他防护措施配合使用)的一种或几种措施。

(三)安全使用农机具知识

1. 主要手动工具的安全使用　使用的各种工具必须是正式厂家生产的合格产品。使用工具的人员，必须知道所使用工具的性能、特点和使用、保管、维修及保养方法，使用前必须对工具进行检查。严禁使用腐蚀、变形、松动、有故障、破损等不合格工具。工具在使用中不得进行快速修理。带有牙口、刃口尖锐的工具及转动部分应有防护装置。

2. 安全使用带电工具　在使用前，应仔细阅读说明书。有一些工具使用不同的刀片，应挑出正确的，并检查是否安装得当。在空气湿度大或潮湿的环境，不要使用电动园艺工具。工具的电源插头插在户外插座上，并确定插座与室内的断路开关连接在一起，而且应该使用三相插座。

3. 安全使用露地蔬菜生产农机具　从事露地蔬菜生产，应掌握露地蔬菜生产机械，包括开沟筑畦作业工艺及其机具、播种工艺及其机具、地膜覆盖及其机具、喷药及其机具、施肥及其机具、茎菜和叶菜收获及其机具等方面的安全使用技术与维修保养方法。

4. 安全使用蔬菜保护地设施和机械　从事蔬菜保护地生产和工作的人员必须熟知各种不同保护地设施类型的结构、性质及应用，不同覆盖材料的种类；保护地工厂育苗设备及育苗技术，园艺设施的环境特点及调控技术，保护地微型耕作机、病虫害防治机械、节水灌溉机械等的性能、特点、使用保管及保养方法。

(四)安全使用肥料知识

1. 安全使用肥料　依据无公害蔬菜或绿色食品蔬菜的施肥技术原则，坚持以充分腐熟的有机肥、以基肥、以测土配方施肥、以菜田养分输入输出平衡为主，提倡使用生物肥料，有机、无机肥配合使用，推广配方施肥，做到“适氮、增磷、增钾”，调节三要素的比例，保证土壤养分平衡。

无公害蔬菜肥料施用品种，有机肥主要是堆肥、人粪、畜粪、沼渣肥、绿肥、作物秸秆、饼肥、腐殖酸类肥等；允许施用的化学肥料主要有尿素、碳酸氢铵、硫酸铵、磷肥、钾肥及其复合（混）肥；可以适量施用的微肥主要有铜、铁、锌、锰、硼、钼等。限制施用的肥料主要有硝态氮肥和含氯肥料。禁止施用的肥料有质量不符合国家有关标准和没有获得登记证的肥料，以及城市、医院、工业有害的垃圾及污泥等。

无公害蔬菜肥料的使用方法，坚持测土配方施肥和平衡施肥，推广蔬菜专用肥和经安全认可的叶面肥。叶面追肥最后1次应在蔬菜作物收获前20天以上进行，防止对蔬菜残留污染。在肥料的施用种类上，要改变重氮肥、轻有机肥和磷肥、钾肥的不良施肥习惯，尤其是要限用硝态氮肥施用量，选用铵态氮肥如硫酸铵，减少氮肥污染，提高蔬菜品质，降低蔬菜中硝酸盐、亚硝酸盐的含量。

肥料必须具备“三证”（生产许可证、肥料登记证、执行标准号）。所使用的商品肥料（包括微生物肥料），应符合有关国家标准、行业标准的要求。对于实行生产许可证、肥料登记证管理制度的肥料品种，必须使用获证企业的产品。有机肥要充分腐熟、发酵，重金属含量、卫生指标要符合相关标准。混合使用肥料时要注意有的肥料可以混合，有的肥料却不能混合，还有的肥料混合后应立即使用、不可久放。

2. 安全保存和管理肥料　肥料的种类多，性质又各不一样。有的易吸湿结块，有的易分解挥发，有的有腐蚀性、毒性和易燃性甚至有爆炸性。如果存放保管不当，不但会造成养分损失或施用不便，还会有可能发生火灾、中毒、爆炸事故。因此，肥料的安全存放的原则是防潮、防水、防火、防热、防腐蚀、防爆炸、防中毒等。根据这些原则，对肥料保存要有专人保管，入库肥料按品种分堆贮存，并贴上标签。存放地点要干燥、阴凉、防火防爆、固定安全，肥料进出要有记录，谨防腐蚀和中毒。

保管人员工作时，应戴口罩和手套，禁止吸烟和饮酒。工作结束，裸露皮肤应及时清洗干净。

四、农业生产的标准

（一）农业标准化的相关知识

1. 农业标准化的定义　农业标准化，简单来说就是以农业为对象的标准化活动。具体来说是指运用“统一、简化、协调、优选”的标准化原则，对农业生产产前、产中、产后全过程，通过制定标准和实施标准，促进先进的农业成果和经验的迅速推广，确保农产品的质量和安全，促进农产品的流通，规范农产品市场秩序，指导生产、引导消费，从而取得良好的经济、社会和生态效益，以达到提高农产品竞争力的目的。

2. 农业标准化的内容　农业标准化的主要内容包括：术语、符号和代号；图形、表格文件及帐目；量与单位；品种、规格、等级与类别；性能及质量；包装与标志；开发和试产；环境条件；技术、作业、操作、方法和要求；运输与贮存；销售、服务及使用；试验与检验；农具、工具、仪器、设备、机械和条件；安全、卫生与环保；管理规程及管理方法等。

随着农业经济、农业种子技术的发展，随着农业标准化自身的发展，农业标准化的内容也会迅速越来越丰富。

3. 农业标准的分类　农业标准体系是由众多农业标准组成的一个庞大而复杂的系统，它不仅在结构上有不同的层次，而且还有子系统。为了对农业标准化进行深入地理解和贯彻，于是对整个农业标准体系中所包含的农业标准，从不同的目的和用途予以分类，目前常用的分类方法有按层级、内容、性质、效力等 4 种分类。我国的标准按层级不同分为国家标准、行业标准、地方标准和企业标准。

(1)国家标准　是指需要在全国范围内统一技术要求，由国务院标准化行政部门组织制定的标准。国家标准由国家质量技术监督局编制计划和组织草拟，并统一审批、编号和发布。

(2)行业标准　对没有国家标准而又需要在全国某个行业范围内统一技术要求，可以制定行业标准。行业标准是由国务院有关行政主管部门组织制定的标准。农业行业标准是由农业部组织制定。行业标准是对国家标准的补充，行业标准在相应国家标准实施后自行废止。

(3)地方标准　是指在某个省、自治区和直辖市范围内需要统一的标准。对没有国家标准和行业标准而又需要在省、自治区和直辖市范围内统一的技术和管理要求，可以制定地方标准。地方标准由省、自治区和直辖市政府标准化行政主管部门制定。地方标准不得与国家标准、行业标准相抵触。在相应的国家标准或行业标准实施后地方标准自行废止。

(4)企业标准　是指企业所制定的产品标准和在企业内需协调统一的技术要求和管理工作要求所制定的标准。企业标准由企业制定。

国家标准、行业标准、地方标准和企业标准之间的关系是对需要在全国范围内统一的技术要求，应当制定国家标准；对没有国家标准而又需要在全国某个行业内统一技术要求，可以制定行业标准；对没有国家标准和行业标准而又需要在省、自治区和直辖市范围内统一技术要求，可以制定地方标准；企业生产的产品没有国家标准、行业标准和地方标准，应当制定企业标准。国家鼓励企业制定高于国家标准的企业标准。

4. 企业标准化的法规和管理办法　根据《中华人民共和国产品质量法》、《标准法》、《计量法》及有关的法律法规、结合农业特点，我国已制定了相应的法规和部门规章，这些法律和规章，有力地指导了我国的农业标准化工作，目前已制定国家标准450余项，行业标准1450余项，地方标准17000余项。也规范了农业标准化体系的建立和质检体系的建设，使农业标准化纳入了法制化管理的轨道，为依法行政、依法治农奠定了基础。

国家还针对企业标准化特设了一些专管机构，如农业主管部门设有专门分管农业质量标准化的机构（农业部市场与经济信息司），各个相关行业司、局也有归口管理农业标准化的处室和专职工作人员。各省、自治区和直辖市农业部门也都设有相应的标准化管理机构。在技术方面，成立了全国性农业标准化专业技术委员会和技术归口单位20多个，负责对标准的技术性和实用性进行审查。

（二）无公害豆类蔬菜产地环境、产品质量标准及生产技术规范要求

1. 无公害豆类蔬菜产地环境条件要求　豆类蔬菜的生产基地应选择四周生态条件良好，远离垃圾场和主要交通要道，周边3千米以内无污染源（特别不应有工矿企业污染源），保持空气和灌溉水清洁；同时基地要选择排灌方便，土层深厚、疏松、肥沃的壤土或砂壤土的地块。各种有害物的残留量，应符合国家规定的允许标准。无公害蔬菜产地标准状态下环境空气质量应符合表1的规定，无公害蔬菜产地灌溉水质应符合表2的规定，无公害蔬菜产地土壤环境质量应符合表3的规定。

表1　标准状态下空气质量指标

项　目	浓度限值	
	日平均	小时平均
总悬浮颗粒物（mg/m^3）	≤　0.30	—
二氧化硫（mg/m^3）	≤　0.15	≤　0.50

续表 1

项目		浓度限值	
		日平均	小时平均
二氧化氮(mg/m^3)		≤ 0.12	≤ 0.24
氟化物	($\mu g/m^3$)	≤ 7	≤ 20
	($\mu g/dm^3 \cdot d$)	≤ 1.8	—

注:1. 日平均指任 1 日的平均浓度 2. 小时平均指任 1 小时的平均浓度

表 2 灌溉水质量指标

项目	浓度限值	项目	浓度限值
pH 值	5.5~8.5	铬(六价,mg/L)	≤ 0.10
化学需氧量(mg/L)	≤ 150	氟化物(mg/L)	≤ 2.0
总汞(mg/L)	≤ 0.001	氰化物(mg/L)	≤ 0.50
总镉(mg/L)	≤ 0.005	石油类(mg/L)	≤ 1.0
总砷(mg/L)	≤ 0.05	粪大肠菌群(个/L)	≤ 1
总铅(mg/L)	≤ 0.10		

表 3 土壤环境质量指标

项目	含量限值		
	pH 值 < 6.5	pH 值 6.5~7.5	pH 值 > 7.5
镉(mg/L)	≤ 0.30	≤ 0.30	≤ 0.60
汞(mg/L)	≤ 0.30	≤ 0.50	≤ 1.0
砷(mg/L)	≤ 40	≤ 30	≤ 25
铅(mg/L)	≤ 250	≤ 300	≤ 250
铬(mg/L)	≤ 150	≤ 200	≤ 250
铜(mg/L)	≤ 50	≤ 100	≤ 100

注:以上项目均按元素量计,适用于阳离子交换量 > 5 厘摩[尔](+)/千克的土壤,若 ≤5 厘摩[尔](+)/千克,其标准值为表内数值的半数

2. 无公害豆类蔬菜产品质量标准要求　无公害豆类蔬菜产品的生产、加工、包装、贮运、销售等各个环节，必须符合我国《食品卫生法》的要求。其最终产品，必须经国家有关食品监测部门按标准检验，达到合格标准才可销售和食用。

3. 无公害豆类蔬菜生产技术规范要求　豆类蔬菜无公害生产是一个复杂的系统工程，从“田间到餐桌”的每一个环节都可能影响到产品质量。因此，豆类蔬菜无公害生产的关键技术是：首先，优选建设生态环境良好的生产基地，经检测其空气质量指标、灌溉水质量指标及土壤环境质量指标应符合农业部“NY 5010—2002”规定的要求。其次，应选用适销对路，适宜本地种植，且具备丰产、优质、抗病虫、抗逆性强的良种。再次，认真执行科学、清洁安全的生产技术，即对豆类蔬菜生产的农药、肥料等投入品必须无害化并加强监管，对整个的栽培过程要进行科学管理，推广测土施肥技术，做到多施有机肥，合理配施化肥，对病虫害的防治应切实执行“预防为主，综合防治”的植保方针。最后，严格进行产品的质量检测与监管工作，科学地把好质量关，以真正的无公害产品赢得市场和消费者。

思考题

1. 我国豆类蔬菜主要有哪些？在生物学特性和栽培形式上有哪些共同点？

2. 如何制订豆类蔬菜生产计划？

3. 结合个人实际，在安全使用农药、电、农机和肥料方面应掌握哪些具体的生产技术？

第三章　豆类蔬菜育苗技术

一、育苗设施

(一)阳　畦

又称冷床。它的温光条件完全依靠太阳。阳畦制作简单,成本较低。但阳畦育苗有一定的风险,若管理不及时,秧苗素质差。只适用于按需苗数量育苗。阳畦的构造见图1。

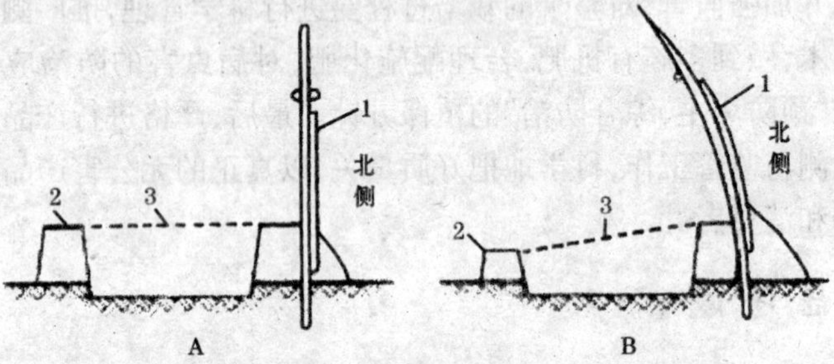

图1　阳畦的各种类型　(引自张福墁《设施园艺学》,2001)

A. 槽子畦　B. 抢阳畦　1. 风障　2. 床框　3. 透明覆盖物

(二)酿热温床

酿热温床是在阳畦的基础上,在床下铺设酿热物来提高床内的温度。酿热温床取料方便,成本较低。但酿热温床不能根据秧苗生长发育的阶段和特点进行温度升降的控制,操作管理仍不很方便。酿热温床的构造见图2。

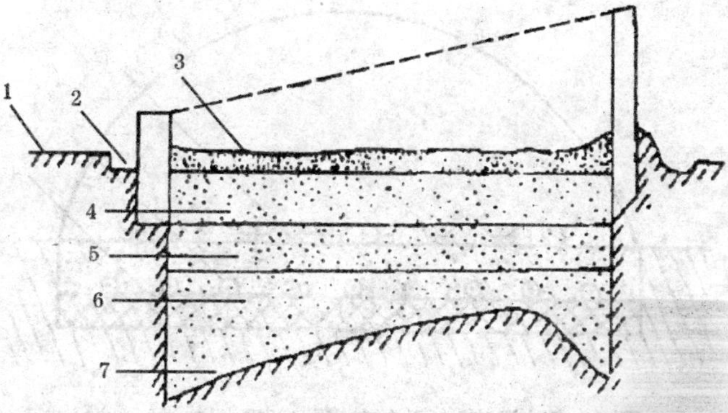

图2　酿热温床　(引自李式军《设施园艺学》,2002)

1. 地平面　2. 排水沟　3. 床土　4. 第三层酿热物
5. 第二层酿热物　6. 第一层酿热物　7. 干草层

(三)电热温床

电热温床是通过在苗床培养土下铺设的电热线产生热能,来提高床土温度。通过控温仪可人工控制育苗温度,达到提早育苗、快速培育壮苗的目的。电热温床包括电热线、控温仪、防寒设施等部分,加温效果良好,生产应用最为普遍。电热温床育苗比酿热温床节约劳力,床土升温快,床温均匀,不受季节或外界环境条件的限制,并且苗床温度的升降还能依秧苗生长发育的阶段和特点以及外界温度的变化随时调控,使培育出的秧苗生长比较健壮。电热温床的构造见图3。

(四)温　室

现在我国育苗温室既有简易的、小型的、完全由人工操作控制的普通温室,又有现代化的、由机械操作的大型温室。常见的有以下几种类型。

1. 双屋面连栋温室　这种温室土地和建材利用率高,室内空

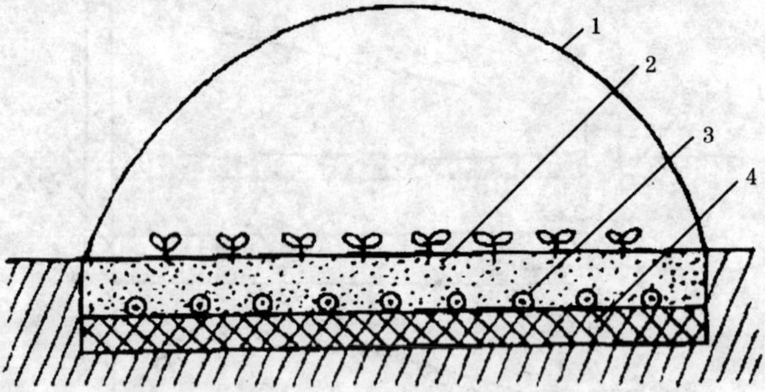

图 3　电热温床　(引自李式军《设施园艺学》,2002)

1. 小拱棚　2. 床土　3. 电热线　4. 隔热层

间大,便于机械化作业及温室内的环境调控,适合蔬菜工厂化育苗及生产。但在北方冬、春严寒地区,冬季耗能太大,除雪困难。这种温室类型较多,如 Venlo 型温室、胖龙温室、以色列塑料连栋温室、现代化智能连栋温室等。

2. 非对称连栋节能温室　这种温室多南北向,东西延长,每栋跨度 6~8 米,可设计 2~5 栋,总跨度可达 17~37 米。其特点是光能利用率较高,在温室应用与性能上兼顾了大型连栋温室与节能日光温室的优点,建造成本较低,保温性能较好,温室空间较大。适用于我国北方,南方地区推广较少。

3. 节能日光温室　这种温室的最大优点就是采光保温效果好,在冬季严寒地区应用可以获得节能高效的良好效果。日光温室同样适用于我国北方。

(五)塑料大、中棚

与各类温室相比,塑料大、中棚结构比较简单,容易建造,建设投资少,管理方便,光照好,土地利用率较高。因此,在蔬菜中广泛使用,特别在冬季温暖地区育苗更能显示出其性能的优越性。在蔬菜育苗中，中棚也有应用。这种棚一般宽3～6米，是大棚和小棚的中间类型。在我国南方育苗应用甚多，加盖草帘的效果优于大棚。骨架结构设计上，在考虑风雪荷载方面比大棚好处理。

建造时，大、中棚床地应选择地势比较平坦、地下水位低、背风向阳、土壤疏松肥沃、土层深厚、排水良好、距水源较近的地块。冬季育茄果类、瓜类秧苗的大棚建造时，应以南北长、东西向、略向西偏10°为最好，有利于冬季及初春充分地接受阳光，增大受光面积，提高棚内空间温度和床土温度，促进幼苗迅速出土生长。

（六）塑料小拱棚

塑料小拱棚是利用竹竿或楠竹片等材料做成小拱棚的骨架，用塑料薄膜覆盖在骨架上，便形成塑料小拱棚。为了充分利用阳光，提高小拱棚内温度、减少寒风袭击危害、利于排湿、减少苗期病害，冷床地选择与大棚床地一样，选择地势比较高燥、背风向阳、地下水位低、排水良好、土层深厚、疏松肥沃、未种过同科蔬菜的壤土作为苗床土。

二、育苗过程

（一）营养土的配制与消毒

1. 营养土的配制　秧苗生长发育的好坏与营养土质量有着极为密切的关系。要求育苗营养土具有较高的持水性和良好的通透性，富含秧苗生长所需要的矿质元素，无侵染性病菌和虫卵，具有适宜的酸碱度。

营养土的配制应该就地取材，通常是用田园土和优质农家肥配制而成。有时为了使配制好的营养土速效性养分含量达到一定标准，可加入一定量的化肥。田园土最好选用大田作物的疏松表土或葱蒜类蔬菜茬的表土，绝对不宜选用栽过豆类蔬菜的田土。农家肥宜选用充分腐熟的厩肥或堆置好的堆肥，也可用草炭和森林腐叶土配制。选择好田园土和农家肥后要打碎过筛，而后进行配制。一般肥沃的田园土占60%～70%，充分腐熟的优质农家肥占30%～40%。有条件的，可加入腐熟粪干或鸡粪15～25千克、过磷酸钙1～2千克、草木灰5～10千克，掺和均匀后待用。

2. 营养土的消毒　由于幼苗嫩弱、抗性较差，易发生某些侵染性病害，所以必须对营养土进行消毒处理，预防苗期病害。一般采用药剂熏蒸消毒方法，即在播种前2～3周，每立方米营养土可用40%甲醛（福尔马林）30～50毫升对水1～3升进行喷洒后拌匀，然后覆盖薄膜，闷2～3天后揭开薄膜晾晒1～2周，待土中药气全部散尽时使用，可防止菌核病和猝倒病。

对于直接装入苗床而没有消毒的营养土，可在苗床消毒。一般每平方米苗床用8～10克50%多菌灵可湿性粉剂，拌干细土15～25千克，拌匀后施用。但必须注意，药量不要过多，否则易发生药害，尤其在床土过干的情况下更易发生。

播种床一般铺营养土10厘米厚。但由于菜豆、豇豆、荷兰豆的根系木栓化早，再生能力差，不耐移植，所以栽培上多行直播或容器育苗。

（二）育苗容器的选择

豆类蔬菜除了直播外，可采用容器（营养钵、穴盘等）育苗，也有的采用营养土块育苗。营养钵有纸杯、草钵和塑料钵，钵的大小以8厘米×8厘米或10厘米×10厘米为好。营养土块可用机器压制。也可在培养土垫床后浇水，趁水将渗完时立即用薄板切割床土而成。这种土块一般以10～12厘米见方为好，用一小木棍在中间捣2厘米深的小孔播种。

(三)种子选择与处理

1. 种子精选与处理

(1)种子精选　为了确保苗全、苗齐、苗壮,要选择符合本品种特征的籽粒饱满、大小整齐、颜色一致、有光泽、无病虫害、无机械损伤的种子,淘汰霉烂、变色、干瘪的劣种,并除去混杂的种子与各种杂质等。将经过挑选的种子晾晒1~2天,既可以杀死部分病菌防止烂种,又可增强种子的发芽势。

(2)种子处理　为防治病虫害和增加产量,播种前还可进行药剂处理和接种根瘤菌。常用方法如下。

①药粉拌种:一般取种子重量0.3%的杀虫剂和杀菌剂,混合均匀播种。可用干种子直接拌,也可在种子表面喷少许清水后拌匀。常用的药粉有50%福美双、90%敌百虫等。

②药液浸种:可用1%甲醛溶液、1%硫酸铜水溶液等浸泡种子,5~20分钟后取出,用清水冲洗干净后再播种。

③干热处理:将种子放在55℃~65℃的热烘箱中烘烤10分钟左右,有消毒杀菌的作用,但必须严格掌握时间和温度。

④根瘤菌接种:这是提高豆类蔬菜产量的一项经济有效、简单易行的重要措施。新菜地和多年没种过豆类作物的地块,人工接种根瘤菌更为必要,增产增收效果尤为显著。在老菜地,接种根瘤菌也可增加幼苗根上的根瘤和根瘤菌数量,提高固氮效率,也有增产增收的作用。人工接种根瘤菌有土壤接种和种子接种两种方法。土壤接种是从上年种过豆类蔬菜并没有重要病虫害的地块取一些表土,均匀撒在将要种豆类蔬菜的地块上,每公顷地撒种1000千克左右。种子接种法则采用人工繁殖的根瘤菌加水稀释呈悬浮液,播种前与种子混合搅拌均匀,最好随拌随播种。接菌种后的种子应避免日光暴晒。如果将菌根真菌与根瘤菌同时接种(即双接种),比单一接种根瘤菌的效果更佳,尤其是在瘠薄的耕地

上应用，效果更明显。

2. 催芽 由于豆类蔬菜种子的种皮较薄、组织不够致密，所以不宜浸种时间过长(一般不超过6小时)。如果时间过长，会使种子内的贮藏物质如蛋白质、酶类、生长素等外渗而被消耗，影响发芽；同时，外渗物质附于种子表面，易引起细菌侵入而腐烂。另外，浸种也会使子叶与胚轴处容易产生裂缝，严重时将切断胚轴而妨碍发芽。因此，多不浸种或短时间浸种。在实际生产中，应根据不同的种类选择不同的种子处理方法。

菜豆种子经过药剂处理后用凉水浸泡3~4小时，浸泡期间淘洗1~2次，捞出后置于洁净的瓦盆中，上面盖上干净的湿布，放在20℃~25℃条件下催芽。在催芽过程中，要用清水淘洗2次，量大时要轻轻翻动种子使其受热均匀，出芽整齐一致。待胚根初露时，即可播种。为确保出芽率，也可以只浸种不催芽。

豇豆、荷兰豆种子处理时先用90℃左右的热水将种子迅速烫一下，时间不超过20~30秒。随即加入冷水，使温度保持在25℃~30℃，浸种4小时左右，捞出后稍加晾晒即可播种(一般不经过催芽过程)。有的为了降低荷兰豆花序的着生部位，促进花芽分化，先用15℃的温水浸种，水量为种子体积的一半，浸泡2小时后上下翻动种子使其充分吸水膨胀；捞出后置于泥盆中催芽，温度保持25℃~28℃；每隔2小时用清水淘洗1次，直到胚芽露出。然后在0℃~2℃的低温下处理10天，便可取出播种。

(四)播种和育苗技术

1. 品种选择 应根据不同的栽培季节和模式，结合当地情况，选择适宜品种。春、秋季栽培应选择耐寒性强、早熟性好的品种，而夏季栽培则应选择耐热性好的品种；大棚和温室内栽培时还应选择耐低温弱光和抗病的品种。另外，还要结合当地的消费习惯，从品种的品质、抗性、长势、产量、耐贮性等方面综合考虑。

2. 确定播期　根据不同的栽培季节与方式来确定合适的播种期。

(1)温室栽培　根据人为的上市期,确定定植期,再减去苗龄则为适宜的播种期。

(2)大棚栽培　春提早栽培在大棚10厘米深处地温达10℃左右时可定植,再据此确定合适的播期;秋延后一般在7月中下旬至8月上旬为适播期。

(3)露地栽培　双膜覆盖在2月上中旬播种;地膜覆盖一般在3月上中旬进行播种;露地直播在4月上中旬进行;秋茬栽培多在7~8月份直播。

3. 播种量的确定　应根据具体的蔬菜种类、栽培面积、种子质量、育苗条件和种植密度等来确定,一般豆类蔬菜每667平方米(1亩,下同)的播种量在1~4千克。可用下列公式表示:实际播种量(克/667平方米)=每667平方米需苗数×每克种子粒数×发芽率×净度安全系数。其中,净度安全系数多在1.2~1.5之间取值。

4. 播种技术

(1)直播　豆类蔬菜露地栽培,一般采用直播。其技术要点是:①穴播或开沟点播。播种时在整好的种植地上开穴或开3~5厘米深的浅沟,然后按一定的株距点播,一般每穴播种2~4粒,留苗2~3株。②播种深度一致。不能过深或过浅。过深影响出苗时间与整齐度;过浅则根系入土分布浅,对幼苗生长不利。③覆土深度因种类而异。子叶出土的如菜豆、豇豆、刀豆等,覆土不宜太厚,否则不利于出苗;子叶留土的如荷兰豆、四棱豆、多花菜豆等,覆土可稍厚。④播种后适当镇压,使种子与土壤充分接触,以利于提早出苗。⑤播种后一段时间内不能浇明水,以免土壤板结,通气不良。春播后浇明水还会降低地温,影响发芽。若土壤较干,可在播前数日浇水。

(2)育苗　温室、塑料拱棚栽培豆类蔬菜,为提高设施的利用效率,一般都采用育苗移栽,以便提早上市,延长收获期,增产增收。豆类蔬菜目前多采用容器育苗,也有的采用营养土块育苗。冬、春育苗一般在温室、塑料拱棚内进行,夏、秋育苗应在遮阳防雨棚内进行。

(3)育芽移栽　除育苗外,豆类蔬菜还可进行育芽移栽。将浸过种的豆类种子密铺在经过消毒和浇透水的基质上(基质可采用锯末、谷糠、蛭石、炉渣、细沙等,用开水浸洗或蒸煮消毒后盛入筐、盆、箱内或育苗畦上),厚度为2～5厘米,上面再覆盖同样的基质,保持该豆类的最适发芽温、湿度。当大部分种子的胚根露出发芽孔约0.5厘米时即可移栽,胚根生长过长播种不易出苗。按品种行距要求挖深约10厘米、宽15～20厘米的浅沟,先向沟内浇水,待水渗下后按株距要求将芽苗贴在沟坡上,要使所有的芽苗贴在同一沟坡的同一水平线上,并注意使胚根向下,然后再覆土封沟。

(五)苗期管理

1. 苗床管理

(1)播后至出苗前　播种后苗床温度白天应控制在25℃～28℃,夜间为16℃～20℃,以利于尽快出苗。

(2)出苗后至定植期　出苗后苗床温度要降低到白天23℃左右、夜间16℃左右,防止幼苗徒长。要增加光照,一些保温覆盖物可逐渐揭开。

(3)定植前　豆类蔬菜苗床温度白天应保持在24℃～28℃,夜间15℃～18℃。要逐步增加光照时间和光照强度。适当浇水追肥,可叶面喷施0.1%～0.2%磷酸二氢钾溶液,使苗健壮,增加抗病性和抗逆性。此期也应适当防治病虫害。

豆类的苗容易徒长形成高脚苗,可通过控制温度、水分和增加透光来培育壮苗。通风降温时覆盖物要逐步揭开。猛然通风,内外空气交换剧烈，苗床内空气湿度骤然下降，豆苗会因突然失水而引起叶缘干枯，叶片萎蔫。如伴随冷害则易造成叶绿素被破坏，使叶色变白甚至干裂，这种现象叫做"闪苗"。豆类蔬菜苗根系不易再生，一般不进行分苗。

2. 查苗、补苗、定苗 露地直播在幼苗出齐、育苗移栽在移栽苗活棵后均应及时进行查苗、补苗和定苗的工作，对缺株和瘦弱苗等要进行补苗。补苗时应先浇暗水，即在补苗的位置上挖一个定植穴，在穴内浇满水，待水渗下一半时，便可把苗放入穴内，然后覆土平穴、围实。补苗一般选在阴天或晴朗天气的下午接近傍晚时进行，这样有利于缓苗。补苗用的豆苗，应在播种、育苗的同时有计划地事先安排好。补苗的同时，还应进行间苗、定苗工作。间苗可稍早一些进行，这样能让其他苗得到更充足的光、水和肥等，以利于生长。间苗应间去瘦弱的苗，留下健壮的苗。

3. 中耕除草与培土 及时中耕除草，可以减少杂草与豆类竞争水分、养分、阳光和空气，保证栽培的豆类蔬菜在田间生长中占绝对优势。豆类蔬菜一般进行 2～3 次中耕，矮生种必须在封行之前进行，蔓生种则在爬蔓之前完成。中耕深度，苗间和行间可以深些，以 10 厘米左右为好；靠近植株根部要浅些，以 2～5 厘米为宜。中耕松土时切忌松动植株的根部。中耕时结合除草，对靠近根基部的杂草用手拔出，所除杂草要清理出田间。最后 1 次中耕应结合向根部培土，把行间的土松动培向根部，这样可促进不定根的发育，防止倒伏，并能增强吸收水分和田间排水的能力。

思考题

1. 简述育苗设施的主要种类及其特点。
2. 豆类种子播前处理方法有哪些？具体如何操作？
3. 论述豆类蔬菜育苗的主要过程。

第四章　豇豆的栽培管理技术

一、类型与品种

(一)类　型

豇豆有长荚豇豆、普通豇豆、短荚豇豆3个类型。其中长荚豇豆即菜用豇豆,它又有蔓生、半蔓生、矮生3个类型。蔓生种茎蔓长,花序腋生,叶腋分生侧蔓,需立支架,生长期较长,丰产性及品质较好。矮生种茎矮小、直立,分枝多而成丛生状,不设支架,成熟较早,生长期较短。半蔓生种生长习性似蔓生种,但蔓较短。栽培上以蔓生种为多,它又分青荚种、白荚种和红荚种。

(二)优良品种

1. 蔓生豇豆　菜用豇豆多属蔓生豇豆。我国栽培的优良品种有以下几种。

(1)之豇28-2　早熟,丰产,抗花叶病,适应性强。株高2.5~3米,生长势强,叶型小,适于密植。主蔓第四至第五节始花,第七节以上连续着生花序,结果集中。荚长65~75厘米、淡绿色、肉厚,品质好。种子紫红色。对日照要求不严格,春、秋两季均可栽培。

(2)之豇特早30　植株蔓生,长势偏弱,叶片小,分枝少。以主蔓结荚为主。春播至始收50天,荚色嫩绿,荚长60厘米,条荚匀称,商品性好。苗期抗病毒病,较抗疫病,但不抗煤霉病和锈病。

(3)秋豇5-1-2　植株蔓生,初花节位为第七节,侧枝发育强,可开花结荚。叶片绿色,较大。荚长平均为38.8厘米、横径0.9

厘米，单荚重约 20 克。条荚粗壮挺直，商品荚为银白色，嘴吻淡绿色。籽粒为栗黄色。抗花叶病毒病，较感锈病。

(4)之青 3 号　该品种蔓生，无限生长型，分枝较少，叶较大，叶色深绿，花蕾、豆荚均为绿色，荚长 60 厘米，单荚重 25 克左右，初花节位在第三至第四节。每 667 平方米产量可达 1 700 多千克。品质优异，炒食较糯。田间病毒病、煤霉病抗性强于之豇 28-2。

(5)湘豇 1 号　植株蔓生、2～4 个分枝，叶深绿色。第一花序节位为第二至第四节，每一花序结荚 2～4 条。主、侧枝都能开花结荚，花淡紫色，豆荚浅绿色，荚长 57.5 厘米，横径约 1 厘米，单荚重约 14 克，单荚种子数 19 粒。早熟，春、夏、秋 3 季均可栽培。春季栽培，全生育期 95～115 天，播种至始收 60～70 天。每 667 平方米产量 2 500 千克左右。田间表现较抗煤霉病和根腐病。

(6)湘豇 4 号　植株生长势强，蔓长 3.8 米，主蔓第三至第五节开始结荚，具 1～2 个分枝，豆荚长且较粗、淡绿色。单株成荚数 23～33 条，平均荚长 69 厘米，单荚重量 28～32 克，豆荚均匀，肉质脆嫩，品质佳。田间表现抗性较好。耐热、耐寒、耐旱，较抗豇豆锈病、煤霉病和褐斑病，抗虫性和耐涝性一般。每 667 平方米产量 2 800 多千克。定植至采收需 60 天。

(7)天豇 1 号　株高 2.5～3 米，生长势强，叶量较少，主蔓第三至第四节首生第一花。荚浅绿色，荚长 60～70 厘米、直径 0.8～1 厘米，单荚重 25 克左右。肉厚有光泽，质地脆嫩、纤维少，商品性好，适宜鲜食或泡制加工。该品种抗病，耐热、耐老化，产量高，品质优，适应性广。长江流域春、夏、秋均可种植。

(8)长豇 3 号　植株蔓生、2～4 个分枝，主蔓长 3.1 米，节间长 20.2 厘米，叶片深绿色，第一花序着生于第二至第四节。花淡紫色。豆荚绿白色，荚长约 58 厘米，单荚重 20 克。迟熟，春季栽培全生育期 100～120 天，播种至始收 60～75 天。豆荚整齐一致，长度适中，肉质细嫩，商品性好。每 667 平方米产量约 2 800 千克。

较抗病毒病，抗锈病和煤霉病。

(9)宁豇1号　植株蔓性，生长势强，分枝5个左右。茎蔓和叶片绿色，节间距13.6厘米，花苞绿白色，主侧蔓同时结荚，始花节位主蔓第二至第五节，侧蔓第一节。成序性好，在适宜环境下可出现一个叶腋有两个花序和一序多荚现象，最高1序达6荚。嫩荚绿白色，长60厘米左右。该品种早熟。播种后春季55～60天上市，夏、秋季35～45天上市。春、夏、秋3个季节每667平方米产量分别为2 000千克、1 200千克、1 700千克左右。该品种不耐熟，缺肥易早衰，苗无黄化现象，抗病毒病，不抗锈病和煤霉病。

(10)宁豇3号　植株蔓性、蔓长可达3米以上，始花节位在第二至第三节。单荚长达70厘米、最长的达115厘米，粗0.8～1厘米，单荚重一般30克左右。嫩荚开花后11天即可采收，每花序结荚数2～3个，单株结荚数18.4个。嫩荚耐老化。每667平方米产量可达1 700千克左右。耐热、耐旱、耐湿，抗逆性强，适应性广，可作春季早熟栽培、夏季和秋季栽培、秋延后栽培及保护地栽培。

(11)扬豇40　生长势强，主蔓长3.5米左右，在主蔓的中上部有1～2个分枝。主侧蔓均能结荚，主蔓第七至第八节开花坐果，比之豇28-2迟开花2～3天。平均单株主蔓能挂20荚，侧蔓挂20荚。一般春播出苗至终收期90天，采荚天数35天左右。春播每667平方米产量1 600千克左右，夏播产量1 200千克以上。抗锈病和煤霉病的能力较之豇28-2强。

(12)鄂豇1号　植株蔓生，生长势强，蔓长3～3.5米，有分枝2～3个(秋季1～2个)。叶片较大，深绿色。第一花节位春季2～4节，秋季4～6节。花冠紫色略带蓝色，多“回头花”。结荚期长，生育期100～110天。嫩荚绿白色，成熟荚银白色。荚粗1～1.2厘米，荚长65～80厘米。单荚种子17～23粒，种子千粒重平均178克。每667平方米产量为2 100千克左右。

(13)鄂豇2号　为蔓生型豇豆品种。生长势旺，无分枝或1

条分枝,节间长19厘米左右。始花节位在第三至第四节,每株花序数13~18个,每花序多生对荚。荚浅绿色、长圆条形,荚腹缝线较明显,荚嘴无杂色,嫩荚长60厘米左右,荚粗壮肉厚,耐老化。露地春季栽培播种后48天可始收嫩荚,持续结荚能力强。每667平方米春播产量1400~1500千克,秋播产量1300千克左右。较耐根腐病、疫病、煤霉病,较耐湿,对光周期反应不敏感,适于春、夏、秋各季栽培。

(14)春秋红紫皮长豇豆　植株蔓生,株高3米左右,开展度45~50厘米,长势强。主蔓第六至第七节着生第一花序,花淡蓝紫色。成序性强,每花序结荚2~3条。商品荚紫红色、长圆条形,荚长50~60厘米。早、中熟,播后60天始收,长势旺,耐热;对花叶病毒抗性强,耐涝,适应性广。豇荚纤维少,质脆,品质优。丰产性好。适宜春、秋两季栽培。每667平方米产量1500~2000千克。

(15)穗青1号　植株蔓生,生长势强,主蔓结荚为主。主蔓第八节开始着生花序,花冠紫色。荚长55~60厘米、荚厚0.8厘米,单荚重18.5克。荚色深绿、有光泽,荚尖端白色,荚肉厚实,纤维少,不易老化,耐贮运,商品率高。耐热性较强,较耐霜霉病及枯萎病,适宜夏、秋种植。中熟,播种至初收50~55天。每667平方米产量900~1200千克。

(16)高产4号　植株蔓生、茎蔓粗壮,叶片中等,侧蔓少(适宜密植),以主蔓结荚为主,第二至第三节始生花序。荚长60~65厘米、横径1厘米,浅绿色,成荚率高。早熟,夏季播种至初收35天,连续采收期30天以上。品质优良。种子不易显露。嫩荚不易老化。一般每667平方米产量1500~2000千克。稍耐低温、耐热、耐湿,抗病,春、夏、秋均可种植,适应性广。

(17)成豇1号　植株生长势强,蔓长3.5~4.5米,第一花序生于第二至第三节。荚长65~75厘米,单荚重20~30克,嫩荚浅绿色,肉厚、质地细嫩,适宜做泡豇豆,早熟性好,比之豇28-2早熟3~

5天。每667平方米产量2 000千克左右。抗病性好,抗逆性强。

(18)成豇3号　植株蔓生,生长势强,分枝较弱,适宜密植。蔓长3～4米,以主蔓结荚为主,第一花序着生在第二节位,每花序成荚2～3对。花浅紫色。商品荚浅绿色,荚的尖端呈暗红色。荚长25～30克。商品性好,品质优,果荚肉厚,适宜做泡豇豆,脆嫩、清香。极早熟,一般每667平方米产量约1 600千克,高产的可达3 000千克。较抗病毒病、白粉病、锈病和枯萎病。

2. 矮生豇豆

(1)美国无架豇豆　茎短粗、长20～25厘米,节间密,基部着生3～5个侧枝,各侧枝长出3～4条花梗,梗长40厘米左右,粗壮直立富弹性,抗风力强,不需支撑。梗尖离地面50～60厘米(即整个植株的高度)。在花梗顶部的3～4厘米范围内,从下至上陆续着生花蕾。豆荚重20～30克,荚长40厘米左右,着粒密、灰白色。无架豇豆从播种至始收需55天左右,春播者结荚期长达2～3个月,夏、秋种植则结荚期为1～2个月。适应性广,抗逆性强,较抗锈病和叶斑病。一般每667平方米产鲜荚1 800千克左右。

(2)早矮青　植株浅绿色,生长势强,株高60厘米。主蔓第二至第四节有1～3个分枝,第一花序在主蔓第四至第五节,花淡紫色,单株结荚10～14条。嫩荚深绿色,荚长40～45厘米,肉较厚、品质好。老熟荚长50～58厘米。早熟,从播种至采收约65天。每667平方米产量1 800千克左右。抗病毒病,较抗锈病。

二、露地栽培技术

(一)春播早熟栽培

1. 品种选择　选用耐寒性较强、对日照要求不严格、早熟、优质、丰产、分枝能力强、适于密植的蔓生品种,如之豇28-2、湘豇1

号、湘豇2号等。

2. 整地做畦 豇豆地实行早耕深翻，做到精细整地，以期提高土壤保水保肥能力，改良土壤结构，提高土壤肥力。由于豇豆根系发达但根瘤固氮力较差，所以要施用充足的有机肥作基肥。一般每667平方米施腐熟的堆肥3 500～4 500千克，过磷酸钙60～80千克，硫酸钾30～40千克或草木灰120～150千克。土、肥混合均匀。基肥施用方法应与深耕整地结合，深耕前施入迟效肥料，翻至土壤下层。整地做畦时表土再施入速效肥料。豇豆栽培的畦式，北方平畦，南方高畦。

3. 直播播种 露地豇豆播种宜在当地断霜前7～10天和地下10厘米处地温稳定在10℃～12℃时进行。江南地区可在3月下旬至4月初，华南地区可提早至2月份。播种前精选种子，并晒种1～2天。一般采用干籽直播。每畦播2行，行距50～65厘米，穴距20～25厘米。每穴播种4～5粒，覆土2～3厘米。每667平方米用种量2～2.5千克。

4. 育苗移栽 春季早熟栽培多采用育苗，育苗可使幼苗避开早春低温和南方多阴雨的环境，并且可有效抑制营养生长过旺。但豇豆根系易木栓化，不耐移栽，宜采用营养钵育苗。播种时，床内浇足底水，下渗后每钵播3～4粒种子，覆土3厘米左右。播种后保持白天25℃～28℃，夜间20℃。一般播后7～10天出齐苗，出苗后保持白天温度20℃～25℃，夜间15℃～18℃。当苗龄20～25天时定植，这时第一片复叶充分展开，第二片复叶初现。定植前要进行低温锻炼，栽苗后要立即浇1次定植水。

5. 田间管理 合理的田间管理，对调整土壤水肥和结构状况等起到良好的作用，有利于豇豆的生长发育，增加产量。

(1)中耕松土 直播苗出齐或定植缓苗后宜每隔7～10天进行1次中耕松土，中耕不宜太深，以免伤根。植株封垄和甩蔓后不宜中耕。最后1次中耕时注意向根际培土。

(2)查苗补苗　当直播苗第一对基生真叶出现后或定植缓苗后应到田间逐畦查苗补棵,结合间苗,一般每穴留3株健苗。由于基生叶生长好坏对豆苗生长和根系发育有很大的影响,基生叶提早脱落或受伤的幼苗也应拔去换栽壮苗。

(3)插架引蔓　植株甩蔓后插支架,每穴一竹竿,交互搭成"人"字形,架高2米以上。由于豇豆生长期长,侧蔓较多,长势较旺,因此架要插牢绑紧,防止刮风下雨倒塌。植株蔓长至30厘米以上时,及时引蔓上架,使蔓叶均匀分布在架上,避免株间蔓叶互相缠绕、重叠。

(4)整枝打顶

①抹底芽:主蔓第一花序以下的侧芽可全部抹除。

②打群尖:主蔓中上部各叶腋中若花芽旁混生有叶芽时,要及时将叶芽抽生的侧枝打去;若无花芽只有叶芽萌发时,则只留1~2个也要摘心。

③打顶尖:主蔓长到2~3米时要及时打顶摘心,控制营养生长,促进花芽形成,提高产量。

(5)肥水管理　直播苗出齐后或定植缓苗后可视土壤墒情浇1次水。此后要严格控水控肥。团棵后、插架前浇1次水,有利于促进生长和方便插架。结合这次浇水可在行间沟施有机肥或追施尿素(每667平方米10千克左右)。现蕾时,若天旱可再浇1次小水。初花期不浇水,防止落花。当第一花序坐住荚,第一花序以后几节的花序显现时浇1次大水;到植株中下部的豆荚生长、中上部的花序开放时再浇1次大水。以后一般每隔5~7天浇1次水,经常保持土壤见干见湿。植株进入开花结荚期后浇水时结合施肥,此期要肥水充足,每次每667平方米追施硫酸铵15千克或尿素10千克、硫酸钾5千克,1次清水、1次肥水交替施用。若基肥中磷肥不足,可追施过磷酸钙、每次5千克,或用三元复合肥、每次5~8千克。7月份以后雨量增加,应注意排除田间积水。

豇豆在第一次产量高峰后会出现"伏歇"现象。这一时期应加强肥水管理,每隔15天左右追施1次粪水或化肥,促使植株恢复生长和潜伏花芽开花,使之形成第二次产量高峰。

(6)采收　播种后60～70天、嫩豆荚已发育饱满、种子刚刚显露时采收。豇豆每花序有2个以上花芽,起初开2朵花、结2条荚果,以后的花芽还可以开花结荚,因此采收时不能损伤剩下的花芽,更不能连花序一起摘下。一般情况下每隔3～5天采收1次,在结荚高峰期可隔1天采收1次。

(二)夏、秋栽培

长江流域秋播多在7～8月份。华南地区夏播5～7月份,秋播8～9月份。

1. 品种选择　夏、秋豇豆栽培正处于高温多雨季节,生产上宜选用耐热、耐湿、抗病、早熟、丰产的品种,如扬豇40等。

2. 整地做畦　种植田块宜选用地势高燥、通风凉爽、排灌方便的场所,做高畦或小高畦。播前土壤浇水造墒,使底水充足,防止种子落干。播种密度较春豇豆稀些,以改善田间通风透光条件。一般1.2米宽的畦播2行,行距60厘米,穴距20～25厘米,每穴留苗3株,每667平方米用种3千克。也可提早15～20天用平畦育苗。

3. 整枝除草　夏、秋豇豆生长快,必须及时插架并引蔓上架,防止茎蔓匍匐地面。这茬豇豆生长期间杂草危害严重,还须加强中耕除草。一般在定植后、插架前后、开花结荚初期和盛期,共中耕除草5～6次,以保持田间清洁。

4. 肥水管理　夏、秋季高温多雨,田间肥料容易被雨水淋失,使植株出现脱肥现象。因此可以采用条沟集中施足基肥的方法,并及时分次追肥,适当增加氮肥用量,促使豇豆短期内形成强大植株,减少落花落荚,提高抗逆能力。夏、秋豇豆结荚期正值8月伏天,植株更易出现“伏歇”现象,应及早增施肥料,防止早衰,促进二次结荚,以延长采收期和增加产量。

三、设施栽培技术

(一)小拱棚加地膜覆盖栽培

近年来,随着设施蔬菜生产的发展,为了实现豇豆的提早上市,开始采用保护地栽培,种植期提早到早春,上市期提早到初夏,很受市场欢迎。其中小拱棚加地膜覆盖栽培可促进豇豆根系发达,节省人工,防止旱涝灾害,并提早开花,产量能比露地栽培增加40%～50%。

1. 品种选择 生产上宜选择早熟、耐低温、高产、抗病、适于密植的品种,如之豇28-2等。

2. 整地做畦 结合耕翻整地,每667平方米施入腐熟农家肥1500～2000千克,草木灰50～100千克。整平耙细,然后做小高畦。畦南北向延长,畦高10～15厘米、宽75厘米,畦沟宽40厘米。做畦后立即在畦上覆盖地膜。地膜宜在定植前15天左右铺好,以利于增温保墒。

3. 育苗 利用大棚多层覆盖提前培育壮苗,是实现豇豆早熟高产的重要措施。豇豆小拱棚加地膜覆盖栽培的适宜苗龄为20～25天,苗高20厘米左右,开展度25厘米,茎粗0.3厘米以上,真叶3～4片,根系发达,无病虫害。育苗方法同春季露地早熟栽培。

4. 定植 豇豆定植的适宜温度指标为棚内10厘米深处地温稳定通过15℃,棚内气温稳定在12℃以上。定植时先揭去小拱棚膜,在小高畦上按行株距即60厘米×15厘米或60厘米×20厘米挖穴,将秧苗放入穴内,然后浇水,水渗下去后覆土封严定植穴。

每畦定植结束后即行扣棚。

5. 田间管理

(1)温度管理　定植后3～5天内不通风,棚外加盖草苫,闷棚升温,促进缓苗。随后逐渐揭去棚上两侧的草苫,并开始通风降温。棚内气温白天保持25℃～30℃,夜间不低于15℃～20℃。当外界气温稳定通过20℃时,撤除小拱棚。

(2)肥水管理　定植缓苗后视土壤墒情浇1次小水,此后控水蹲苗。现蕾时浇1次水,随水每667平方米追施硫酸铵20千克、过磷酸钙30～50千克。以后每隔10～15天浇水1次,掌握浇荚不浇花的原则。从开花后每隔10～15天叶面喷施1次0.2%磷酸二氢钾溶液。为了促进早熟丰产,还可根外喷施0.01%～0.03%钼酸铵和硫酸铜溶液。

(3)植株调整　豇豆植株长到30～35厘米高时及时插架(一般为"人"字架),让豆蔓上架生长。为促进早熟,主蔓第一花序以下萌生的侧蔓一律打掉,第一花序以上各节萌生的叶芽留1片叶打头。主蔓爬满架后及时打顶,促进各花序上的副花芽以及各侧蔓上的花芽发育、开花、结荚。

(二)塑料大棚栽培

豇豆是豆类中适应性最强的蔬菜,在大棚中可栽培的季节很长,既可作"春提前"和"秋延后"栽培,也可作春夏连秋冬一茬到底栽培,还可以在大棚黄瓜、番茄拉秧后作为补充茬口进行栽培。长江流域多在3月上旬播种或定植,5月中旬至7月上旬采收。大棚秋延后栽培长江流域于8月下旬播种,10月下旬至12月上旬采收,供应市场。现重点介绍春提前和秋延后栽培。

1. 春提前栽培　早春大棚豇豆栽培宜选用早熟、丰产、耐寒、抗病力强、品质优良、植株生长势中等、适于密植的品种,如扬早豇12、湘豇1号等。播种或定植前15～20天扣棚暖地。结合整地每

667平方米施腐熟有机肥4 000～5 000千克,过磷酸钙80～100千克,硫酸钾40～50千克或草木灰120～150千克作基肥。多采用育苗移栽,育苗方法同春季露地早熟栽培,育苗苗龄一般为25～30天。当棚内10厘米深处地温稳定在10℃～12℃、夜间气温高于5℃时即可定植,定植密度同露地春早熟栽培。

定植后4～5天内密闭大棚不进行通风换气,棚温维持在30℃左右,以利于缓苗。缓苗后要开始通风,将棚温降至25℃～30℃。进入开花结荚期后逐渐加大通风量和延长通风时间,这一时期高温高湿会使茎叶徒长或授粉不良而招致落花落荚。进入6月上旬,外界气温渐高,通过通风棚温很难降下来,这时可将棚膜完全卷起来或将棚膜取下来,使棚内豇豆呈露地状况。大棚内肥水管理、整枝等技术措施基本与露地春早熟栽培相同,但大棚栽培浇水比露地要少,追肥次数和数量则比露地要多一些。

2. 秋延后栽培 豇豆大棚秋延后栽培技术较黄瓜、番茄栽培容易,同时大棚豇豆对解决秋淡季和调节市场蔬菜花色品种有一定的作用,因而近年来发展较快。大棚豇豆秋延后栽培所处的气候条件,是苗期高温多雨,开花结荚期温度逐渐下降,与春早熟栽培恰恰相反。在栽培管理上主要应掌握以下几点。

(1)品种选择 生产上宜选用耐高温、抗病、丰产、耐贮运、适应性广的品种,如扬豇40、之豇28-2等。

(2)播种育苗 做畦方式及播种密度同露地夏、秋豇豆栽培。也可采用育苗移栽,先于8月上中旬在温室、塑料棚内或露地搭遮阳棚播种育苗,苗龄15～20天。8月下旬至9月下旬定植。由于秋延后栽培生长期较短,可比春提前栽培适当缩小穴距(一般为15～20厘米),以增加株数和提高产量。

(3)肥水管理 大棚秋豇豆出苗后或定植缓苗后气温仍较高,蒸发量大,消耗水分多,要适当浇水降温保湿。同时又要防止高温多湿导致豆苗徒长,并且注意中耕松土保墒,蹲苗促根。幼苗第一对真叶展开后随水追肥1次(每667平方米施尿素10~15千克),促使植株加速生长发育,提早开花结荚。开花初期适当控水,进入结荚期加强肥水管理。每隔10天左右浇1次水,每浇2次水追肥1次,每667平方米冲施粪稀500千克或施尿素20~25千克。10月上旬以后,植株生长势减弱,外界气温也逐渐降低,应减少浇水次数,以防棚内湿度过大。同时停止追肥。

(4)整枝　大棚豇豆秋延后栽培整枝方式基本同春提前栽培,但主蔓摘心的时期比春提前栽培要早一些,一般在蔓长2米时摘心。因为后期开放的花即使能结荚,也会由于生长的环境条件不适宜而达不到商品成熟。早摘心,可去掉一部分花序,减少养分的消耗。

(5)通风　当棚内最低温度降到15℃时,基本上不再通风。必要时夜间可在大棚下部的四周围上草帘保温防冻,促进嫩荚迅速膨大。当外界气温过低时,棚内豇豆不能继续生长结荚,要及时将嫩荚收完,以防冻害。

四、高山栽培

豇豆是豆类中适应性最强的蔬菜,其播种期也较长。在高山(海拔800~1 500米)地区栽培可利用海拔差调整播期达到陆续上市,供应7~9月份蔬菜秋淡市场。

(一)栽培季节与供应期

农谚说:“干豇豆湿黄瓜”,说明豇豆喜温、耐热,有较抗干旱的能力,作为半高山栽培,都是春、夏播种,在海拔800~1 200米地区,一般5月下旬至6月上旬播种,选用早、中熟品种,8~9月份采收,最迟采收期可延至10月上中旬。因此,豇豆可作为长江流域和南方城市“秋淡”上市蔬菜品种之一。

(二)品种选择

1. 台湾春秋红 武汉武昌神牛种苗商行生产。蔓生型、果荚紫红色,荚长 50~65 厘米,中早熟,耐湿,耐热,生长势强,结荚集中,商品性好,煮熟可口酥香,每 667 平方米产 3 000 千克左右。

2. 路路通 2 号 江苏省扬州市蔬菜研究所有限公司生产。该品种春、夏季均适宜播种,生长势强、耐高温,抗逆性强,尤其适宜夏播,开花采收期同之豇 28-2 一样,荚长 75 厘米左右,鲜荚颜色同 28-2,嫩荚肉质紧密,耐泡性强,不易老化,无鼠尾,适宜酸制加工,商品性极佳,春播产量比之豇 28-2 高 20%左右,夏播高 25%。

3. 宁豇三号 南京绿领种业有限公司生产。该品种集荚数型与荚重型于一体,春夏秋兼用型与重型于一体,春夏秋兼用型早熟丰产品种,植株蔓生,长势强,茎叶绿色,叶中等大小,主侧蔓同时结荚,始花节位低,主蔓第三节左右,侧蔓第一节,成序性好,着荚率高,单株结荚数平均 18.4 根,比之豇 28-2 增产 25%左右,嫩荚绿白色,荚面平整,红嘴,平均荚长 73 厘米,最长可达 100 厘米,粗 0.9 厘米、单荚重 30 克左右,耐老、质优、商品性好,单荚种子 19 粒,籽黑色,早期产量比之豇 28-2 增 1 倍,耐热、耐涝、抗逆性强,适应性广,对光照不敏感。

4. 中美特长王 江西中美种业有限公司生产。该品种优质、高产、早中熟、抗病、抗早衰、高产豇豆新品种,荚长 75 厘米,顺直,嫩荚,淡绿色,无鼠尾,品质佳,每 667 平方米产 4 200 千克左右。

5. 鄂豇 1 号 湖北省农科院经济作物研究所育成。该品种植株蔓生,长势强,分枝 2~3 个(秋季 1~2 个)。叶片较大,深绿色。第一花序着生在主蔓第二至第四节上(春季)或第四至第六节上(秋季)。花冠紫色略带蓝色,多回头花,结荚期长。嫩荚白绿色,成熟荚银白色,荚长 65~80 厘米,横径 1~1.2 厘米。单荚重

20～22克。每荚有种子17～23粒。种子肾形略扁，种皮红色。粗纤维少，肉厚，耐老熟，口感好，品质佳。全生育期100～110天。每667平方米产量2100千克以上。适宜春、秋两季栽培。

(三)栽培技术

1. 播种育苗　作为秋季上市栽培，可以采用直播或者育苗移栽。采取育苗移栽方法播种，当苗龄达到20～23天时，定植到大田，每穴定植2株。用直播方法播种，每穴播3～4粒，当秧苗长到4片复叶时，进行间苗，每穴留2株壮苗。豇豆的栽植规格，一般为行距50～60厘米，株距30～35厘米。起垄规格厢、沟共120～130厘米，厢面80～90厘米，厢沟宽40厘米。豇豆是喜磷、钾植物，在施基肥时，除每667平方米施3000～4000千克农家肥外，还应加施总含量30%的氮磷钾复合肥50千克。作为豇豆生产的田块，应选择向阳、不渍水的田块，当基肥施好后，掩土起垄、整平。海拔1000～1200米地带采取地膜覆盖栽培更好。

2. 田间管理　豇豆定植后，因植株本身固氮能力较弱，幼苗期要少量勤施人粪尿作追肥接苗，当幼苗根系扎至基肥后，停止追施肥料。到了开花、结荚期再进行追肥1～2次，主要是补追磷、钾类型肥料。虽然豇豆有一定的抗旱能力，但如遇长期干旱，应适当浇水，以保证植株正常生长和开花结荚。不覆盖地膜的田块，根据田间杂草生长状况和土壤板结状况适时中耕除草。当幼苗长至8片复叶时，应及时插杆搭架，一般每4穴为一架棚，引蔓上架，并在第一花序坐荚后摘掉以下的侧花，第一花序以上的侧枝留一叶摘心，使之促进开花结荚。

(四)采　收

豇豆应适时采收，作鲜食豇豆一般在开花后20天开始采收，采收的嫩度以稍见豆粒突起时为好，注意采收时不要伤花序上的花蕾，双手采收，一手抓住豆荚基部，一手摘豆荚。豆荚采收后，用准备好的包装，分级扎把装入包装，进行预冷或直接装车运入市场。作加工用豆荚，一般要在开花后 17 ~ 18 天采收，比鲜食豇豆要稍嫩些，加工豆荚多数为酱菜和腌泡菜，少数也作脱水加工产品。

思考题

1. 简述豇豆的类型和主要栽培品种。
2. 论述豇豆的主要栽培形式及其技术要点。
3. 不同栽培形式的豇豆其肥水管理有什么异同？
4. 豇豆在高山上栽培要掌握哪些技术环节？

第五章　菜豆的栽培管理技术

一、类型与品种

菜豆依其生长习性可分为蔓生种、半蔓生种和矮生种。依豆荚纤维化的情况分为软荚种和硬荚种。豆荚上有绿色、黄色及紫色斑纹。种子颜色有黑、白、红、黄褐及各种花斑等。生产中主要分成蔓生种及矮生种两种。

(一)蔓生种

茎生长点为叶芽,主蔓长2~3米。初生茎节的节间短,以后茎节的节间伸长,左旋性向上缠绕生长。每个茎节的腋芽可抽出侧枝或花序。一般以抽出花序为多。常栽培的优良品种有以下几种。

1. 78-209菜豆　植株蔓生。生长势强。株高2.5~3.7米,分枝4~9个,侧枝多而长。叶肥大呈绿色。花白色,第一雌花着生在5~6节。每花序结荚2~7个。嫩荚圆而较直,荚长14~15厘米、横径0.85~1厘米。荚浅绿色,荚面光滑、无筋、无革质膜,肉厚,粒小,纤维含量少,品质佳。老熟荚黄色。每荚有种子6~8粒。种粒肾形、白色,表面光滑有光泽。中熟,耐热、耐寒性较强,对肥水条件要求不严格,适应性广,抗病毒病、炭疽病和叶烧病。加工性能好,是制罐和速冻的优良品种。

2. 扬白313　植株蔓生。生长势强。株高约2.5米。侧枝2~4条。花白色,春季第一花序着生在4~6节,秋季着生在8~12节。结荚多,单株结荚60~100条。嫩荚近圆棍形,长11~12

厘米,横径约1.1厘米。嫩荚浅绿色,味浓,品质佳,商品性好。每荚有种子6~8粒,种粒肾形,种皮白色、表面光滑无斑纹。早熟品种,适应性广,耐热、耐寒、耐涝,耐病毒病和叶烧病,抗叶霉病。嫩荚既可鲜食,又适宜加工制罐,速冻加工成品率高。

3. 美国兰湖架豆 茎蔓生长势强,主茎可达2~4米,侧枝少。花白色。4~6节始花,侧蔓开花节位较主蔓低。嫩荚长8~13厘米、粗1~1.2厘米,荚绿色、肉厚,特耐老化。种子白色,短肾形。早熟。荚条直、均匀、脆嫩,商品性好。品质佳且高产,是加工鲜食的兼用品种,也是国内加工出口的重要品种。抗性强。

4. 绿珠架豆 蔓生品种。白花白籽。生长势强,商品荚圆棍形,品质佳。荚长13~25厘米,荚宽0.9~1厘米。该品种极早熟,适合全国各地栽培。长江流域可以春、秋两季栽培,并适宜作早熟栽培。长江中下游地区露地春季3月底至4月初播种,秋季8月初播种。

(二)矮生种

植株矮小而直立。一般在主枝发生4~8节后茎生长点为花芽,不再继续伸长。主枝叶腋抽出各侧枝,其生长点也为花芽。多为早熟品种,上市集中。适合机械化采收。常栽培的优良品种有以下几种。

1. 81-6菜豆 植株矮生,整齐直立。株高45~55厘米,主茎5~6节,分枝4~5个。叶片较小,呈深绿色。花紫色。每花序结荚2~5条,单株结荚24.6~37.6条。荚圆棍形,长12~14厘米,横径0.9~1厘米。嫩荚绿白色,种粒不凸出、腹缝线内凹。荚无筋、无革质膜,肉厚,籽小。老熟荚黄色,每荚有种子6~8粒。种粒肾形、黑色、表面光滑,千粒重平均320克。早熟。对肥水、光照等条件要求不严格,耐热、耐寒性好,适应性广,抗病性较强。

2. 91-6菜豆 株高45~55厘米,分枝6~8个。嫩荚绿色、长

12～14厘米、断面横径0.8～1厘米,圆棍形,粗纤维少,品质优。紫红色花。种子肾形,黑色。早熟,抗病。平均每株结荚25条,早期产量占总产量的1/3以上,适合全国大部分地区种植。

二、露地栽培技术

(一)春季露地栽培

1. 整地做畦 菜豆不耐盐碱,故不能选择盐碱地作为栽培地块。菜豆的主侧根发达,播前深翻土壤是很必要的。南方春季雨水多,常采用高畦深沟(即排水沟)。一般畦宽1～2米,沟宽40～50厘米,沟深不低于10～16厘米。

2. 种子精选和处理 应选粒大、饱满有光泽、无病虫害、无机械损伤的种子。播种前晒种1～2天,可促使发芽整齐;当在春季露地低温播种时,还有防止烂种的作用。菜豆露地播种不浸种,由于外界天气因素的影响,浸种反而易发生烂种。播前用根瘤菌拌种或用0.01%～0.03%钼酸铵、0.1%～1%硫酸铜溶液浸种,促进根瘤菌的生长发育,提早成熟,增加早期产量。其中用根瘤菌拌种,能提高根瘤菌数量,增强菜豆的固氮能力。其具体做法是:制作根瘤菌剂,可在上年拉秧的菜豆老根上选取根瘤大而多的根株,剪下其根瘤和细根并装入袋中,然后在避光处用清水冲净土,置于30℃以下的避光处使之阴干,待其干燥后捣碎成粉末状,便成为根瘤菌剂。在干燥、避光处贮藏,有效期1年左右。接种时将种子表面和根瘤菌剂喷少量清水使之湿润,然后将二者混拌均匀。根瘤菌剂的用量以每667平方米50克左右为宜。

3. 播种育苗 菜豆栽培一般采用直播。因其根系再生能力弱,但也可以采用冷床育苗,防止烂种死苗,并达到提早供应的效果。

（1）直播育苗　播种期要适当，一般于断霜前数天、土层10厘米深温度稳定在10℃、而且有几个连续晴天时进行露地直播。此时要求畦田土壤稍干至不粘手。播种时采用穴播。播后覆土深度要适当，一般为3～5厘米。太深种子不易出苗，太浅根系分布浅，抗旱能力下降。

（2）冷床育苗　由于菜豆根系再生能力弱，为不耐移栽的蔬菜，宜采用营养钵等保护根系的方法育苗。播后温度维持在20℃～25℃，种子发芽出土后，覆细土1～2次，以利于保墒。苗出齐后可适当降低苗床温度，白天15℃～20℃，夜间10℃～15℃。第一片复叶展开后至定植前7～8天，白天温度回升到20℃～25℃，夜间温度提高到15℃～20℃，以促进植株花芽分化和根、叶生长。定植前7～8天开始低温锻炼，白天温度维持在15℃～20℃，夜间温度逐渐降到8℃～12℃。菜豆的幼苗对通风降温的反应很敏感，因此保护地内育苗，揭盖覆盖物进行通风时应由小到大、由弱到强逐步进行。另外，苗期要严格控制浇水，做到不干不浇。

4. 田间管理

（1）查苗补苗　直播后一般经过半个月左右小苗可出齐。育苗定植的小苗缓苗后应查苗补苗。如发现缺苗或幼苗太弱，基生的两片单叶不健全时应及时补栽健壮苗。有的穴幼苗长势正常，但只有1～2棵，也需补苗，以保证每穴3～4棵正常生长。

（2）中耕除草　当直播幼苗出土和定植苗成活以后应进行中耕松土，苗期中耕2～3次。中耕的深度，靠近植株根部处要浅，穴间和行间可深些。中耕松土时，要特别注意不可松动植株的根基部。中耕时要结合除草。菜豆植株根部近处的杂草可用手拔去，以免伤及苗株。蔓生菜豆开始抽蔓时及时插架，一般插成“人”字架或“人”字花架，适当引蔓，使各株的藤蔓均匀分布在架杆上。

（3）肥水管理　在植株开花结荚前，应适当控制水分，以防止植株营养生长过旺，造成“疯长”，消耗过多养分，导致花、荚因营养不足而发育不良，落花、落荚。一般 7～10 天浇 1 次水，保持土壤见干见湿。如基肥不足，可每公顷追施尿素 10～15 千克。菜豆坐荚后植株逐步进入旺盛生长期，并陆续开花结荚，此时需要很多水分和养分。在管理上进入重点浇水追肥时期。适当地追肥可防止植株早衰、延长结荚期。如果缺肥再缺水，植株很快就会衰老、死亡。一般 5～7 天浇 1 次水，保持土壤湿润。追肥应将氮、磷、钾肥料适量配合，钾肥应略多于氮肥，可每 15 天追三元复合肥 1 次，每公顷 225～300 千克。

5. 采收　菜豆主要以嫩荚供食用，故应适时采收，使采得的嫩荚有最好的食用品质。及时采收也促使植株上的其他花朵能继续授粉，幼小的豆荚也能得到充足养分而迅速生长发育，提高其开花结荚率，并延长嫩荚采收期，提高嫩荚产量。嫩荚因食用方法的不同而采收适期也有所不同。以嫩荚供炒食的，可在花谢后 10 天左右采收；而以嫩荚进行脱水或罐头加工的，由于产品规格要求严格，在花谢后 5～6 天采收。以种子供食用的，则在开花后 20～30 天、荚内种子完成发育后再采收豆荚。嫩荚采收期的长短，因栽培地区、栽培季节和栽培品种而有所不同。一般蔓生菜豆开花结荚是陆续进行的，故其采收期较长；矮生菜豆结荚比较集中，故采收期较短。

（二）秋季露地栽培

1. 品种选择　在我国长江以南各地，可进行菜豆秋季露地栽培。根据这个时期的气候特点，应选择较耐热、抗病力强、适应性广、对光周期要求属中间型或短日照型、结荚率高、结荚较集中的菜豆品种。

2. 整地播种　为了争取秋菜豆在初霜前有较长的生长发育时间，前茬春菜拉秧后应及时翻地，每公顷施腐熟的有机肥

45 000～75 000 千克，立即整地做畦。秋菜豆播种期一般在当地初霜期前 80～100 天。依此推算，长江流域多在 7 月中下旬，华南地区秋、冬季气温较高，在 8 月上旬至 9 月上旬播种为宜。

秋菜豆的生育前期，外界温度较高，植株的主蔓生长较快，节间长，以后外界温度逐渐降低，侧枝发生较少，植株长势不如春菜豆旺盛。但秋季开花结荚期日照充足，如果适当密植，并加强肥水管理，也可获得较高的产量。秋播一般采用直播法。

3. 田间管理　秋菜豆生长前期要注意肥水管理，以促进植株的生长。由于苗期正值高温季节，水分蒸发和蒸腾都很快，应勤浇水，以利于降温保湿。一般 3～5 天浇 1 次水，保持土壤见干见湿。降热雨后需及时浇 1 次冷凉的井水，降大雨后要及时排水。开花初期要适当控制水分，5～7 天浇 1 次水。待坐荚后豆荚开始伸长时可增加浇水量，一般 3～5 天浇 1 次水，保持土壤湿润。此后气温逐渐降低，水分蒸发量和蒸腾量都减少，浇水量也适当减少，每 7～10 天浇 1 次水。

除了施足基肥外，苗期结合浇水应追肥 1 次，每公顷施尿素 150 千克，促使植株在较短时间内枝繁叶茂，及早开花结荚。开花结荚期追三元复合肥 2 次，每次每公顷 225～300 千克，以促进荚果的生长发育。

蔓生菜豆要及时插架引蔓，以利于田间通风见光。同时注意防治病虫害。

4. 防止落花落荚

（1）温度　主要直接影响花芽的正常分化。在 30℃～35℃的高温下，花芽发育停止，以后即使发育花粉母细胞形成也不安全，不育花粉数增多，开花数减少，甚至全部脱落。已经发育完全的花朵，不能正常受精而落花。夜间温度高对菜豆的开花更为有害。在栽培上要适期播种，使盛花期躲过高温或低温季节。

（2）光照　菜豆对光照强度的反应很敏感，花芽分化后光照强度弱会造成植株开花结荚数减少,落花落荚增多。菜豆由于弱光照减产比低温影响更显著,栽培上要密度恰当或隔畦间作。

(3)养分　开花初期和开花中期由于植株营养生长和花与花、花与荚、荚与荚之间的养分争夺引起落花落荚,开花后期由于不良气候的影响而使碳水化合物积累少,所以栽培中要及时追肥补充营养。

5. 采收　秋菜豆从播种至采收嫩荚一般经过 40~50 天。

三、春早熟和秋延后栽培技术

(一)春早熟栽培技术

长江流域早春栽培,在断霜前半个月至 1 个月用冷床或加温苗床育苗,断霜后移栽大田。一般可在 2 月下旬至 3 月上旬育苗,3 月中下旬定植;直播的宜在 3 月中旬至 4 月上中旬。

1. 品种选择　菜豆春早熟栽培时,应选用抗逆性强、早熟、耐寒、结荚集中、丰产的品种。常用的品种如美国供给者、法国地芸豆等。

2. 播种育苗　菜豆根系再生力弱,一般要求用营养钵育苗。营养钵用报纸卷成,或用塑料薄膜圆筒做成。

播前种子浸种 4 小时后放在 20℃~25℃处催芽,待芽初露时播种。播种前营养钵内先浇透水,水渗下去后每钵内放种子 4~5 粒,覆细土 1.5~2 厘米。然后盖严塑料薄膜,夜间加盖草苫保温。利用电热温床育苗时,应立即通电加热。

播种至出苗,白天保持畦温 25℃~30℃,夜间不低于 15℃。幼苗出土后,白天保持 20℃~25℃,夜间 12℃~15℃。定植前 3~5 天,进行低温锻炼,白天 15℃~20℃,夜间 10℃~15℃。苗期不旱不必浇水。

壮苗标准为具有1～2片真叶，叶片大，叶深绿色，子叶正常，节间短，茎粗壮，苗高6～8厘米，苗龄18～25天。

3. 定植及缓苗前后管理 定植期应在塑料棚内最低气温在0℃以上时方能进行。定植前15～20天扣棚提高地温。每公顷施腐熟有机肥45 000～60 000千克，深翻做成平畦。

选晴暖天的上午移苗定植。定植时应小心，尽量少伤根系。株行距为33厘米×36厘米，每穴4～5株。栽后立即浇水。

定植完后封严塑料薄膜，夜间加盖草苫保温。缓苗前，白天保持25℃左右，夜间15℃以上，以促进发根缓苗。如遇晴暖天气，棚温超过30℃时应及时通风。

缓苗后应逐渐加大通风量，注意早揭苫、晚盖苫。此期，一方面要注意保温，防止冻害或低温造成锈根而迟迟不长；另一方面也要防止晴天畦内温度过高。若发现温度过高植株萎蔫时，切不可通风降温，否则植株难以恢复，应当搭盖草苫遮荫降温，使植株慢慢恢复。

在团棵前一般不浇水，若底墒不足、植株表现缺水时，可选晴天上午开沟点浇暗水，水渗后覆土。同时，还应配合中耕松土保墒。

4. 开花结荚期管理 植株进入开花结荚期白天应注意通风，防止高温危害；夜间应加强保温，防止冻害。白天保持20℃～25℃，夜间保持13℃～15℃。白天外界气温高于20℃时，可掀开塑料薄膜，令植株接受自然光照。夜温高于13℃时，可加大通风量，最后撤掉覆盖物。

团棵至始花期适当少浇水，每7～10天浇1次水，保持土壤见干见湿。始花期不浇水，防止落花。在豆荚生长期间应注意浇水，促进豆荚生长。此期棚内温度较高，蒸发量较大，每5～7天浇1次水，保持土壤见干见湿。矮生菜豆开花后10～15天，嫩荚已充分长大、而种子刚开始膨大时为采收适期。开始采收后可每收1

次浇1次水，保持土壤湿润。

植株刚现蕾时，追第一次肥，每公顷施尿素150~225千克。坐荚后追第二次肥，每公顷施尿素或三元复合肥150~225千克。

矮生菜豆采收期较短、一般为20天左右，每3~5天采收1次。当第一茬嫩荚基本采收完后每公顷施尿素225~300千克，连续浇2次水，注意防虫治病，保护叶片，可促使各叶腋抽出新的花序，结二茬荚。新花序开花时控制浇水，坐荚后及时浇水，保持地面湿润。这样可延长采收期，并增加产量。

（二）秋延后栽培技术

菜豆秋延后栽培是在夏末至秋初露地播种，后期保护，于初冬收获的一种栽培方式。这种方式延长了供应期，有较高的经济效益。

1. 栽培时间　长江流域多在7~8月份，华南地区在8~9月份。

2. 品种选择　利用塑料大棚作秋延后栽培时，菜豆的品种应选适应性强，前期抗病并耐热、生长后期较耐寒、丰产、品质好的品种。

3. 播种　前茬腾地后立即清理田园，每公顷施腐熟的有机肥45 000~60 000千克，深翻耙平，做成1.2~1.3米宽的平畦。如土壤墒情不好，可提前浇水造墒。

一般采用干籽直播。蔓生种行距60~70厘米，穴距20~25厘米，每穴播4~5粒种子。矮生种行距33厘米，穴距30厘米，每穴播4~5粒种子。播后覆土厚2~2.5厘米。

4. 田间管理　出苗后应适时中耕。天气干旱时可以浇水，但应跟上中耕。植株抽蔓后进行第一次追肥，可开沟每公顷施尿素150~225千克，或冲施腐熟的人粪尿7 500~9 000千克。施肥浇水后可再进行1次中耕。蔓生种应插架引蔓上架。

植株开花时应控制浇水,以防落花。坐荚后幼荚开始膨大生长,可进行第二次追肥,每公顷施尿素150~225千克。此期应适当多浇水,保持土壤湿润,一般3~5天浇1次水。扣棚后气温降低,蒸发减少,可少浇水,只要土壤不干旱就不用浇水;并及时防治病虫害。

在9月下旬至10月上旬,应扣棚保温。白天保持棚内温度20℃~25℃。随着外界气温下降,逐渐密闭大棚。夜间加盖草苫保温,保持夜温不低于10℃。后期蔓生种可将菜豆落架,夜间加盖草苫防寒,尽量延迟采收期。

5. 收获 待棚内最低气温不能维持5℃~7℃时,应全部采收。收获方法同春早熟栽培。

四、高山栽培技术

海拔800~1200米高山地区的夏、秋季气候凉爽、气温适宜、光照充足、土层深厚、地势开阔、排灌良好的地块均可种植,但以东坡、南坡、东南坡、东北坡朝向的地块最好。菜豆对土壤适应性广,宜选有机质较多、疏松肥沃、2~3年内未种过豆科作物的中性砂壤土或壤土。

(一)栽培季节与供应期

高山地区可利用冷凉气候特点,于5月上旬至7月下旬播种,采用直播,7月初至9月下旬采收,半高山地区还可以秋季种植,于8月上旬至9月上旬播种,利用部分蔬菜的茬口再播种一季菜豆,以增加收入,补充市场货源不足,可供应到11月份。

(二)品种选择

1. 正兴红花白荚架王 极早熟,适应性强,植株蔓生,蔓长3

米左右,叶绿色,叶片小而少,花紫红色,主蔓结荚部位低,每花序3~4荚,前期产量高,可连续结荚至植株顶部。荚近圆棍形,长17~20厘米,鲜荚嫩白色,肉厚,籽小,品质极佳,每667平方米产3000千克左右,适宜全国各地种植。

2. 红花四季架王 武汉星原种苗公司生产。植株蔓生,平均株高210~240厘米,嫩荚淡绿色,结荚多,产量高,较一般品种产量提高30%左右,嫩荚生长速度快,属早熟品种。春、秋两季露地均可种植,适应性强,每667平方米产量可达450千克左右。

3. 美国供给者 中国农科院蔬菜花卉研究所从国外引入的早熟、丰产菜豆品种。长势强、耐低温、分枝4~6个,第五节着生花序,每花序结荚3~5个,嫩荚棍形、绿色,荚长13~16厘米,肉厚质地脆嫩,纤维少、品质佳,种子紫红色,早熟丰产,夏季栽培。

4. 红花白荚 四川绵阳市长华种业有限公司生产,该品种早熟、播种至采收嫩荚55天,采收期45天左右,植株蔓生,生长势强,株高3.5米左右,有侧枝2~3个,叶色浅绿色、紫红花,荚绿白色,结荚率高,结荚期长,荚长25厘米左右,肉厚品质好,商品性极佳,耐热抗病、高产、适宜全国各地春、秋季栽培、春播每667平方米产3000千克左右。

5. 西宁菜豆 青海地方品种。植株蔓生,蔓长241厘米,分枝性强,叶绿色,花红色,主蔓第三至第四节着生花序,每花序有花10~12朵,结荚2~3对,荚圆棍形,稍弯,荚长18厘米,宽约1厘米,每荚有种子7~8粒,种子褐色,早熟,抗寒性强,每667平方米产1500~1800千克。

(三)栽培技术

1. 播种育苗 长江流域早春阴雨低温天气较多,为了避免烂种和死苗现象发生,半高山地区在种植时,一般采用冷床或温床育苗,每667平方米蔓生菜豆用种量3千克,矮生菜豆4~5千克,播种后覆土2厘米，在第一对真叶展开前定植。如果采用营养钵育苗效果更好。

2. 整地施基肥 定植菜豆的地块应深翻。每667平方米施农家肥2000～3000千克，草木灰50千克，过磷酸钙或钙镁磷肥10～20千克作基肥，然后将土打碎耙平，对蔓生种做成1～1.1米宽的畦，对矮生种做成1.3米宽的畦，前者在畦的两边各栽1行，行距80厘米，株距12～15厘米，后者行株距一般为20厘米×25厘米。此外，矮生菜豆还常与宽行的瓜类间作套种。

3. 定植 定植时利用山区疏松肥沃的黑灰土培根，如果黑灰土中掺少量的糠壳更有利于根系的发育。

4. 田间管理

(1)及时补苗 菜豆直播易发生缺株，育苗移栽时，也有死苗现象，为保全苗，要及时补苗。

(2)浇水追肥 菜豆的施肥要注意氮、磷、钾的配合使用，最好用复合肥和生物有机肥料。追肥的原则是开花前少施，开花后多施，结荚期重施。幼苗成活后，施10%～20%的腐熟人粪尿，每667平方米用量500～1000千克。开花后，用30%的腐熟人粪尿，每667平方米施入1000千克。结荚后，可追施40%的腐熟人粪尿，每667平方米用量1250千克。以后每隔1周追肥1次。春季菜豆的栽培正值梅雨季节，幼苗成活后，一般不单独浇水，雨水多时，应注意清沟排水。秋季菜豆的生长季节，正碰上干旱少雨，早晚适当浇水对提高菜豆的产量和品质非常重要。

(3)插架和引蔓 矮生菜豆植株不高，生长期短，不需插架。蔓生菜豆，当苗长到26厘米高时，需用长2米以上的小竹竿插架，并引蔓2～3次。

(4)中耕除草和培土 菜豆在定植成活或直播齐苗后，应浅中耕1次，以后因下雨或浇粪、浇水土壤板结，也需中耕1～2次，矮生菜豆封行前，蔓生菜豆搭架后，要停止中耕，最后1次中耕还要结合培土进行。

(四)采　收

根据品种特点,嫩荚长到一定大小时,及时采摘,防止老化。采收后的嫩荚要用专用包装箱或包装袋均匀顺放,包装好后上市出售。

思考题

1. 简述菜豆的主要类型及其栽培品种。
2. 论述菜豆的主要栽培形式及其技术要点。
3. 在菜豆秋季露地栽培中如何防止落花落荚?
4. 不同栽培形式的菜豆其采收期有什么不同?

第六章　豌豆的栽培管理技术

一、类型与品种

(一)类　型

根据用途,豌豆分为粮用豌豆和菜用豌豆。粮用豌豆通常为紫花,也有红花或灰蓝花的。花序梗短,托叶和叶腋间、茎秆和叶柄上带紫红色。荚较少,种子也小,有斑纹,灰褐、灰青、灰黄等颜色。耐寒力强,能抵抗不良环境。作粮食或制淀粉及绿肥用。长江以南各地属大田作物栽培。菜用豌豆多数为白花,也有紫花的。有软荚种和硬荚种之分。软荚种又称甜豌豆,采收嫩豆荚,豆荚的内果皮柔软多汁,为主要食用部分;硬荚种以食用鲜嫩种子为主,它的荚壁较硬。种子的颜色多样,耐寒能力较弱,植株比较柔弱,多作蔬菜栽培。

(二)优良品种

1. 硬 荚 种

(1)久留米丰(85-67)　中早熟。植株矮生,株高约 40 厘米,主茎 12～14 节,2～3 个侧枝。单株结荚 8～12 条。花白色。青荚绿色,荚壁有革质膜,为硬荚种。单荚重 6.5～7 克。荚长 8～9 厘米、宽约 1.3 厘米、厚约 1.1 厘米,每荚有种子 5～7 粒。青豆粒深绿色、味甜,鲜豆百粒重约 55 克。成熟种子淡绿色、微皱,鲜豆百粒重约 20 克。

(2)中豌 4 号　株高 55 厘米左右。花白色。硬荚。荚长 7～8

厘米、宽1.2厘米，嫩籽粒浅绿色，单荚粒数5～8粒。干籽粒黄白色、圆形、光滑，种皮较薄，品质上等。华北地区从播种至收嫩荚约70天。耐寒、较抗旱，后期较抗白粉病。北方地区3月上中旬播种。华南地区冬播以11月上旬播种，不宜夏播。长江流域冬播11月下旬至12月初，秋播9月中旬为宜。

(3)白玉豌豆　江苏省南通地方品种。植株蔓生，株高1～1.2米，分枝性强。始花节位10～12节，节节开花，花白色。荚长5～10厘米、宽1.2厘米，每荚种子5～10粒。嫩籽粒浅绿色，干籽粒圆球形，表面光滑、白色、有光泽。

2. 软荚种

(1)白花小荚荷兰豆　从日本引进。株高1.3米左右。嫩荚绿色，质地柔软，商品性好，为优良软荚种。荚长7厘米左右、宽1.4～1.5厘米，每荚平均含种子7粒。早熟，抗寒、抗热、抗病虫害能力强。

(2)台中11　由台湾引进。株高1.5米以上，分枝多。叶大、质柔。荚青绿色，扁形稍弯，纤维少，质脆味美。荚长6～7厘米、宽约1.5厘米，软荚率达98%左右。耐寒性强、怕热，生长适宜温度10℃～20℃。播种至收获70～80天。也可作豆苗栽培。

(3)成驹三十绢荚　从日本引进。株高1.5米，需插架。花白色。荚长约7厘米、宽约1.5厘米，不显粒。茎部分枝1～2个。主蔓结荚为主。第五至第七节始生花序，双荚率高。荚型大小较平整，且嫩荚的背缝线纤维化程度低。每667平方米产量达400～500千克。

(4)平成1号　引自日本的食荚品种。植株长势旺盛，产量高。从低节位开始着荚。分枝少，以主茎采摘为主，适宜密植。豆荚长约8厘米、宽约1.8厘米为适宜采收期，豆荚整齐度好，没有弯曲豆荚，有甜味。极早熟品种。

3. 甜豌豆

(1)甜脆太郎　日本品种。植株较矮,高 70～80 厘米。栽培简易。籽粒大而饱满。豆荚肥大充实变圆时,荚和籽粒都可食用。风味清甜可口,口感特好。

(2)甜脆美奈　日本品种。植株蔓生,株高 2 米左右,1 米高时开始结荚。籽粒大而饱满。豆荚肥大充实变圆时荚和籽实都可食用。食味甘甜,美味可口,商品性好。

(3)白花食荚豌豆　日本蔓生品种。生长期长,长势旺盛。株高 1 米左右,分枝少,主枝结荚。花白色。收获期长,着荚率高。荚长 1.8 厘米左右、宽 1.5 厘米左右,单荚重平均 2.8 克。甜味较浓,品质优,适合春、秋季节栽培。

4. 豆苗品种

(1)无须豆尖 1 号　豆苗专用品种。株高 130 厘米左右。白花品种。无卷须。茎秆粗壮,生长迅速,播后 20 天即可摘嫩尖上市。可连续采收 9～10 天,采摘时间可持续几个月。每 667 平方米产嫩梢可达 1 000 千克。

(2)上海豌豆苗　硬荚种。植株蔓生、匍匐生长,分枝多。主要以嫩梢供食。嫩茎叶质地柔软,味甜清香,品质佳。生长期长,从播种至初收,春季 60～65 天,秋季 45～50 天。适合江浙地区栽培。

(3)上农无须豌豆苗　叶片肥厚,羽状复叶。豆苗品质细腻,香味清醇。熟性中等,生育期 60～70 天,可春、秋两季栽培。

二、露地栽培技术

(一)秋播越冬栽培

1. 整地做畦　选作豌豆越冬栽培的地块,整地时施足基肥,并加施磷、钾肥，可使豌豆植株生长健壮，开花结荚多，尤其是对茎蔓旺盛、生长期较长的食荚豌豆和栽培密度较大的食苗豌豆，更应重视基肥的施用。一般每667平方米施腐熟农家肥2 000～4 000千克，过磷酸钙20～30千克，硫酸钾7～10千克或草木灰50～100千克。对地力差的田块和生长期短的早熟品种，基肥中应增加5～10千克尿素，使之提早长成壮苗并迅速形成根瘤。豌豆露地栽培一般采用平畦穴播或条播，低湿地可以垄种。

2. 种子处理　为保证播后出全苗，播前要精选种子。一些地方用盐水选种，将种子倒入40%盐水中，捞去上浮的不充实的和受虫害的种子。为防治豌豆象的为害，可将种子在沸水中烫20～30秒钟，捞出晾凉后播种。烫种时间不宜过长，以防种胚受伤而影响发芽。用二硫化碳熏蒸种子10分钟或用50℃温水浸种2～5分钟也有杀虫效果。播前晒种2～3天能提高种子生活力，提早出苗。在数年内没有栽培过豌豆的田块，播种时接种根瘤菌能够提高豌豆的产量。接种方法可参考第三章有关内容。

3. 播种　长江流域地区多在10月中下旬至11月上旬播种，华南及西南南部在9月中下旬至10月中下旬均可播种。播种时应选用耐寒力相对较强的品种。入冬前幼苗应具有3～5片真叶，因为这一时期的幼苗抗寒力较强。

秋播以幼苗越冬的地区也可以早春播种，如南京在2月下旬前后播种，地膜畦2月中旬播种。但春播的由于生长期短，产量比秋播的低。

平畦矮生种种植，穴播行距30～40厘米，穴距15～20厘米，每穴播3～4粒，条播株距5～8厘米；半蔓生种行距40～50厘米，穴距20厘米左右，条播株距8～12厘米；蔓生种穴播，行距50～60厘米，穴距20～30厘米，条播株距10～15厘米。生长旺盛和分枝多的品种，行距加宽至70～90厘米。干旱时开沟浇水播种，以保证种子发芽所需的水分。豌豆子叶不出土，可播深一些，一般覆土厚4~5厘米。播种时每667平方米可用50千克草木灰撒入沟中或穴内作种肥,或播种后覆盖草木灰。

4. 田间管理

(1)中耕与肥水管理　苗出齐后中耕2~3次,并除去田间杂草。苗期的管理以中耕保墒为主,一般不浇水。如基肥中氮素不足,到苗高7~9厘米时每667平方米可浇粪尿水500千克或追施尿素5千克,以促进幼苗健壮生长和根系扩大。第二次中耕时进行培土,护根防寒。冬季寒冷的地区,越冬时可在畦面撒一层炉灰粪、稻草或盖旧薄膜,也可以每隔几畦设立一个矮风障,以保护幼苗安全越冬。

翌年早春幼苗返青后再中耕1~2次,并疏去生长不良或过密的幼苗。插架前进行最后1次中耕,以后植株进入旺盛生长期。这时应进行1次浇水追肥,每667平方米施三元复合肥20~30千克、草木灰100~150千克或过磷酸钙10~15千克,冲施或沟施。坐荚后每667平方米施尿素5~10千克,结荚期叶面喷施0.2%~0.3%磷酸二氢钾或0.03%~0.05%硼酸溶液各1次。蔓生的软荚品种由于生长期较长,一般在采收期还应补施1次氮、钾肥,以防止早衰,延长采收期,提高产量。另外,植株开花结荚期要注意浇水,保持土壤湿润。

(2)插架和整枝　蔓生种蔓长30厘米左右或在抽蔓前插架,架须牢固,以防中途倒塌。多数地方用"人"字架,架高1~1.5米。同行的架材间用铁丝或尼龙绳横绑连接,共绑3~4道,以拦住豌豆茎蔓并加固支架。半蔓生品种仅需支较矮的简易篱架,横绑1~2道。蔓生品种插架的同时进行整枝,基部留3~4个分枝,上部分留1~2个分枝。如种植过密或品种分枝过多,绑蔓时则可适当疏枝。

5. 采收　豌豆采收期因食用部分而异。软荚种在花序后8~10天,豆荚已充分长大并停止伸长、籽粒开始发育但尚未膨大时采收。采收过迟，籽粒膨大，豆荚老化，品质下降，而且易使植株早衰。以鲜豆粒食用或加工的硬荚种在花谢后15～18天、荚色由深绿色变浅绿色、荚面露出网状纤维、豆粒明显鼓起而种皮尚未变硬时采收豆荚。早收，品质虽佳但产量低；迟收，豆粒中的糖分和维生素C含量减少，淀粉和不溶性蛋白质增多，豆粒的风味和品质变差。采摘豆粒时要小心，以免折断花柱和茎蔓。收下的豆荚放阴凉通风处，及时上市或加工，防止受热降低品质。

（二）秋播栽培

利用豌豆对日照长短要求不太严格和幼苗能适应较高温度的特性可栽培秋豌豆。我国南方地区多在单季稻后种一茬秋豌豆，以提高土地利用率。由于这茬豌豆生长期较短，可以选用一些早熟、耐热性强的品种，并且适当密植。

1. 播种　秋播豌豆生长期短，为促使早发秧、早结荚，基肥必须充足，以农家肥和磷、钾肥配合施用为好，或每667平方米施三元复合肥50～70千克作基肥。秋豌豆生长前期气温高，不利于完成春化，播种前将种子进行低温处理能够降低着花节位，增加开花数，从而提高产量。其方法是将种子浸泡吸胀后置于15℃～18℃条件下催芽，待有1/3的种子露白后移放到2℃～5℃条件下处理10～15天。

南方各省秋豌豆具体播种时间：江苏8月下旬至9月初，浙江9月上旬，福建厦门在9月中下旬。天旱无雨时先开沟浇水再播种，一般播种行距20～25厘米，株距8～10厘米；生长旺盛、分枝较多的品种行距25～35厘米，株距10～15厘米。播后覆土厚2～3厘米，再盖一层草木灰，防止地面板结。或者盖湿麦秸保墒降温，以利于出苗。

2. 田间管理　出苗后及时中耕1次，整个苗期视天气和土壤湿度情况浇水2～3次，防止干旱。每次浇水和下雨后都应进行中耕松土,以利于幼苗生长。秋豌豆须早追肥,植株三叶期时每667平方米追施尿素5千克。开花前浇1次水;结荚初期气温仍较高,但浇水量不宜过大,仅保持土壤湿润即可,南方多雨地区应少浇水;结荚期植株需水量较大,每隔7~10天浇1次水,同时叶面喷施0.3%磷酸二氢钾溶液2次,有利于增荚增收。

一般开花后30天左右开始采收嫩荚,江苏南京10月下旬至11月份采收,浙江11月上中旬采收。当秋豌豆植株进入生殖生长中后期以后,外界气温渐降,露地环境不能充分满足开花结荚的要求,这时如加设小拱棚等保护设施,可延长收获期至12月份。

三、塑料大棚栽培技术

1. 整地播种 长江流域越冬保护地栽培在10~12月份播种育苗,翌年1~4月份收获;春季保护地栽培在2~3月份播种,4~5月份收获。为了争取时间,最好用地膜覆盖,促进早出苗。选地势平坦、灌排方便、前1年未种过豆类作物的田块种植,要求土壤含有机质较高,砂壤土至黏土均可,以微酸性至中性为宜。施足基肥,一般每667平方米施腐熟有机肥2000~3000千克、过磷酸钙30~40千克,均匀撒施后深耕细耙,做畦。长江流域雨水多,要做深沟高畦,一般畦高20~25厘米、畦宽1米左右,畦沟宽30~40厘米。三沟配套,保证排水畅通。直播播种方法为每畦播种2行,行距60~66厘米,穴距为13~17厘米,每穴点播种子3粒,播深3~4厘米,每667平方米用种量5千克左右,并在距播种穴两侧约10厘米处开穴点施过磷酸钙,每667平方米施30~40千克。豌豆最忌连作,必须与非豆科作物轮作换茬,至少应隔3~4年才能回到原田块种植。

2. 田间管理 苗期进行浅中耕和除草2~3次,促进根系生长和固氮根瘤菌的繁殖,并可提高植株抗寒能力。播后如遇干旱,须及时浇水，促进出苗。出苗后应保持土壤较干，防止过湿烂根，并可促进根系深扎。开花结荚期对水分敏感，干旱要适当浇水，多雨要清沟排涝，保持土壤中等湿度，防止水分过多或干旱，引起落花落荚。营养管理上，在当地日平均气温降到5℃左右时，沿种植行条施腐熟的有机肥，并结合培土，壅根防冻。春季返青后或春播苗开始抽蔓时，追施速效肥稀粪水或氮素化肥，每667平方米施尿素5～10千克，促进茎叶生长。开始采收嫩荚后需再施1～2次追肥，每667平方米施三元复合肥10～20千克。要求氮、磷、钾并重，防止偏施氮肥。始花期要及时拔除不符合本品种特征的混杂苗。当苗高20厘米左右时，用细竹竿、芦竹或细树枝等插"人"字架，每2行为一架，及时引蔓，保持蔓的分布均匀，改善通风透光条件。注意定期检查，防止倒伏。

3. 采收　一般多在开花后7～10天采摘嫩荚，具体掌握在嫩荚中种子开始形成、照光见有籽粒痕迹时采摘。

四、食粒豌豆与食荚豌豆栽培技术上的差异

食粒豌豆与食荚豌豆的栽培技术基本相同，但有以下几点区别：①蔓生品种的株行距与食荚青豌豆蔓生品种一样，矮生品种种植密度则应增大1倍，即行距由66厘米改成33厘米左右，不需插架。②食粒青豌豆到豆粒充实时采收，比食荚青豌豆所需养分多。因此，开花结荚期应比食荚青豌豆多施1～2次追肥，并要施用三元复合肥，氮、磷、钾三要素并重，适当增施微量元素钼肥，更能增产。③食粒青豌豆采收期迟于食荚青豌豆，一般要在开花后15～20天采摘。过早采摘，豆粒太小，不宜食用；过迟豆粒老化，品质变劣。

五、豌豆芽苗的生产技术

豌豆种粒发芽后将其密植软化培育而成的嫩芽苗称为豌豆芽苗。豌豆芽苗营养丰富,味道鲜美。除在温室、大棚等保护设施内进行豌豆芽苗畦床栽培外,还可进行无土栽培。生产过程中不施肥料、不喷农药,为无污染、易消化的保健蔬菜。豌豆芽苗生产投资规模可大可小,周期短,见效快,而且经济效益十分可观,有着良好的发展前景。

(一)畦床栽培

1. 品种选择和处理 豌豆品种很多,应选用豆苗产量高、生长速度快、品质柔嫩、千粒重在150克左右的小粒光滑种为好。豌豆种子寿命一般2~3年,发芽率低的陈年种子不能用于豌豆芽苗生产,应选择饱满、整齐、光泽好,具有本品种特征的种子作种。将选好的豆种在55℃温水中浸泡4~5小时,按每千克豆种加入1支无根豆芽素和高效豆芽增粗剂。种子充分吸水后捞出,再进行精选,去除杂质、破粒、烂粒,以控制苗床烂种的发生。

2. 做畦、播种 一般做成南北向畦,畦宽1米、深15厘米,畦最好南北向形成小坡度(坡降1:7.5为宜),畦间距30厘米作为工作道。在畦内铺好地膜,用以隔离土壤。在铺好地膜的畦内铺2~3厘米的纯净细沙土,搂平后按每平方米1.5~2千克干豆种的标准将处理过的豆种均匀撒在畦内,用木板刮平轻拍压实,然后在豆种上均匀覆盖2~3厘米厚纯净细沙,用喷壶均匀喷一遍透水。播后在畦面覆盖一层地膜保湿,幼苗顶土后揭除。再在畦上架小拱棚,覆盖编织袋或麻袋片,目的是保证豌豆苗品质鲜嫩。

3. 播种后管理 播后白天温度保持在20℃~25℃,高于30℃应及时通风降温,夜间温度保持在8℃~18℃,不应低于5℃。幼苗出土后及时用喷壶喷洒1次透水，以后视畦内干湿情况，每隔1~3天喷洒1次清水，保证豆苗生长所需的土层湿度。当幼苗茎高3厘米时，用600~800倍豆芽无根素和增粗剂全畦喷洒1遍，4天后再喷1次。温度高时用800倍液，温度低时用600倍液。

4. 放绿及采收　豌豆苗长至12~15厘米时，将畦上覆盖物揭去，让豆苗见光，增加叶绿素，这一过程称"放绿"。待豆苗先端1~2片叶转为绿色后即可进行采收。采收时连根拔起，切去根部，用清水冲洗，去掉种皮和杂质，捆成小把或袋装出售。采收量一般为播种量的2倍。

（二）无土栽培

一般在温室或大棚内进行豌豆芽苗无土栽培。近年来许多地区已采用更易于调控环境的工业化厂房进行生产，这样可以周年分期播种，陆续收获供应市场。

1. 生产设施的准备　生产设施主要包括栽培架、栽培容器、基质和喷淋装置等。栽培架要求高度和层间距适当、材料坚固、结构合理，有利于采光和芽苗整齐生长。一般用角铁做成带小轮的活动架，分6层，层间距40厘米。栽培容器可用塑料育苗盘，其规格长×宽×高为62厘米×32.6厘米×3.8厘米或60厘米×25厘米×5厘米。也可采用规格类似的金属盘，以带孔的洋铁皮作为底，铝合金条镶边。容器要求大小适当、底面平整、整体形状规范、不歪不翘，且坚固耐用、价格低廉。栽培基质应选用洁净、无毒、质轻、吸水持水能力较强，使用后其残留物易于处理的纸张（新闻纸、纸巾纸、包装用纸等）、白棉布、无纺布、泡沫塑料片及珍珠岩等，其中以新闻纸（不可用有字纸）最适宜。为满足豆苗生长期间对湿度的较高要求，每层栽培架间要安装喷水设备或用手持喷雾器喷水。

2. 品种选择和种子清选　选用种皮光滑的小粒或中粒型豌豆品种，如青豌豆和灰豌豆等，同时要求种粒均匀，纯度、净度高，发芽率在95%以上。这类豌豆种子的豆苗生长快，芽苗粗壮，质地柔嫩，产量高，生产成本低。使用前进行晾晒和清选，剔除虫蛀、破残、畸形、腐霉、特小粒种子及杂质等。

3. 浸种 经清选的豌豆种子即可进行浸种，先用20℃~30℃的洁净清水将种子淘洗2~3次，待干净后浸泡，水量须超过种子体积的2~3倍。豌豆种子的最适浸种时间为24小时，冬季时间稍长些，夏季稍短。一般达到种子最大吸水量的95%时结束浸种，然后再淘洗种子2~3遍。

4. 播种与催芽 播种与催芽是豌豆芽苗栽培中减少烂种，提高芽苗整齐度，保证产品质量的关键作业环节。播种作业通常采用撒播，要求每盘播种量一致(一般为350~450克)，同时撒种要均匀。播种后将苗盘摞在一起，每6盘为1摞，置于栽培架上。摞盘上下还要加不播种的保湿盘(在盘内铺两层湿润的基质纸)。保持室内适宜温度(20℃~25℃)，并且每天进行1次倒盘，调换苗盘上下前后位置。同时浇水喷淋1次。喷淋后以盘内不积水为度，以免种子霉烂。摞间距保持3~5厘米，以加强通风透气，以利于均匀出芽。

5. 出盘及出盘后管理

(1)出盘标准 当豌豆芽苗高度达到1~2厘米时要及时进行出盘。叠盘催芽时间过长，常由于湿度较大或温度较高而导致烂种等病害发生，还常引起徒长，使芽苗柔弱、细长，中后期容易倒伏。而过早出盘则会增加出盘后的管理难度，芽苗生长也难以整齐一致。

(2)温度与通风管理 豌豆芽苗的最适生长温度为18℃~23℃，在保护设施或生产厂房内可通过暖气、通风或强制通风、空调等措施进行温度调控。夏季还可通过反光遮阳幕、空中喷雾等方式降温。通风除了具有调节室内气温的作用外，更重要的是为了经常保持生产车间有清新空气，以利于减少种苗霉烂和避免室内二氧化碳严重缺失。生产车间每天应至少通风 1～2 次，即使在温度较低的情况下也要进行短时间通风。通风时要避免外界冷风直接吹拂芽苗。

(3)光照管理　豌豆芽苗对光照的适应性较广，但出盘后仍需给予一定的光照。如果长时间光照过弱或不足，易引起下胚轴或茎叶徒长、细弱，并导致倒伏、腐烂和减产；如光照过强则将使纤维提前形成，不利于获得优质产品。因此，采用温室、日光温室和塑料大棚作为生产场地的，在进入夏、秋季节时，为避免光照过强，必须用遮阳网进行遮荫。

(4)水分管理　豌豆芽苗鲜嫩多汁，而基质持水能力又十分有限，因此需要频繁地补充水分。一般每天应采用微喷设施或喷淋装置进行 3～4 次喷灌或喷淋(冬、春季 3 次，夏、秋季 4 次)，浇水量以掌握苗盘内基质湿润、又不大量滴水为度，同时还要浇湿车间地面，以经常保持室内空气相对湿度在 85%左右。此外，应注意生长前期少浇，生长中、后期适当加大浇水量。阴雨雾雪天气或室内气温较低时少浇，避免导致病害流行；高温、空气相对湿度较小时多浇，防止因干旱而影响其产量和品质。

(5)防病措施　豌豆芽苗生长期短，一般较少发生病虫害。但在催芽期间易发生霉烂，生长期间易发生烂根，偶尔在根部还会发生根蛆。病害的发生主要是温、湿度不适所致。在防治上应采取以下措施：彻底清洗苗盘；采用温汤浸种等方法进行种子消毒；严格控制环境温度，避免温度过高或过低；避免过分延长叠盘催芽时间和产品形成周期；严格控制浇水次数和浇水量。

6. 收获与上市　豌豆芽苗以幼嫩的茎叶为产品，组织柔嫩，含水分高，较易萎蔫脱水，又要求保持较高的产品档次。因此必须及时收获，并尽量缩短和简化产品运输流通时间和环节。目前豌豆芽苗主要采取整盘集装运输进行整盘活体销售，或者采取剪割采收，以小包装上市。

7. 残茬利用 豌豆芽苗从种子培育成芽苗产品所需要的营养,主要来自种子本身所贮藏的养分。但在产品收获后的残茬中(包括豆粒和残留幼茎)仍含有不少未消耗完的各种养分,因此残茬的开发利用也应受到生产者的重视。其开发利用的途径有:①直接出售,作为牛饲料(鲜食)或猪、羊饲料(晾干后使用);②加工为添加饲料;③堆肥沤发酵后作为有机肥料。

思考题

1. 简述豌豆的类型和主要栽培品种。
2. 论述豌豆的主要栽培形式及其技术要点。
3. 食粒豌豆与食荚豌豆在栽培技术上有哪些不同?
4. 简述豌豆芽苗栽培技术要点。

第七章　毛豆的栽培管理技术

毛豆别名菜用大豆，是豆科大豆属的栽培种，主要是指在鼓粒期至生理成熟期收获的嫩豆荚。我国称之为毛豆，日本则称之为枝豆。原产于我国，约有4000多年的栽培历史。长江流域及西南地区普遍栽培，为当地夏、秋季的主要蔬菜之一。

一、类型与品种

毛豆依其开花结果习性可分为有限生长和无限生长类型。根据对光周期反应的不同，分为短日照弱的、短日照强的及中间性的3大类，并结合生产相应地分为早熟品种、晚熟品种和中熟品种。从食用特点分，可分为粮用大豆和菜用大豆。在我国，对粮用大豆和菜用大豆没有严格的区分，在日本，毛豆则是一种完全不同于粮用大豆的色、香、味俱佳的保健蔬菜。对其商品质量也有严格要求：灰白毛，薄壳，大荚，大粒，出豆粒高(每条荚豆不少于2粒)，成熟度一致，鲜籽粒品味酥糯香甜，一般总糖含量应在6%以上，每千克成品荚不超过340荚，漂烫后色泽鲜绿，口感好，易蒸煮，速冻后不变硬。

(一)早熟品种

生育期在90天以内。对日照长短要求不严格，在较长日照下也能正常生育，易于结荚。植株矮小，分枝少，叶小。产量较低，品质一般。如三月黄、早生白乌等。

1. 早生白乌　江苏省农科院蔬菜所从日本引进品种中选育而成。株高45～55厘米。结荚多且大，白毛，每荚有籽2～3粒，大粒，单荚重 3～4 克。早熟，从播种至采收仅需 65 天左右。对光照不敏感，适宜全国大多数地区种植。

2. 95-1 上海市农科院选育并通过审定的特早熟鲜食菜用大豆。植株较矮，生长势中等。株高 40～45 厘米，有限结荚习性。着荚密集，豆荚大而饱满，荚长 4.5～5 厘米，荚宽 1.1～1.2 厘米，单荚重约 2.5 克。豆粒鲜绿色，极易煮酥，口感甜糯，食味佳。耐寒性强，极适于早春大小棚保护地栽培及春季露地栽培。

3. 台湾 75 台湾省育成的毛豆专用品种。春栽全生育期 75～80 天。植株生长旺盛，株型紧凑，耐肥耐倒伏。株高 60～70 厘米。有限生长类型。单株结荚 30～40 个，荚大而扁，豆荚茸毛灰白色。豆粒色绿，清香可口，糯性极好。鲜豆百粒重 70～80 克，干豆千粒重 300 克以上。是国际市场的畅销品种，也是国内目前出口创汇的主要品种。

4. 宁蔬 60 南京市蔬菜研究所选育。株高 50 厘米左右，分枝 3～4 个。白毛绿荚，单株结荚数 25～28 个。全生育期 60～70 天。鲜豆百粒重 60～80 克。商品性好，适宜作早春保护地栽培及春季早熟栽培。每 667 平方米产鲜豆荚 700 千克左右。

5. 台湾 292 从台湾省引种并经内地繁育推广的优良品种。早熟优质，风味独特，既可国内鲜销，又可速冻加工出口创汇。植株生长势强，株型紧凑，株高 45～55 厘米，主茎粗大，分枝不发达，为有限结荚习性，结荚较密。单株结荚 21～24 个，单株豆粒数 42～46 粒，鲜豆百粒重 60～65 克。生育期 65～75 天。鲜荚色泽美观，2～3 粒荚多，豆粒饱满充实。商品性好，产量高，每 667 平方米可产鲜豆荚 500～610 千克。

6. 特早熟上农香 上海市农科院育成。主茎高 37～45 厘米，分枝 3 个。花紫色。荚绿色，被白茸毛。单株结荚 30～35 个，每荚含种子 2～3 粒。籽粒大、质软糯，味甜。

7. 鄂豆 5 号 有限生长型。株高 30 厘米，侧枝平均 3.5 个。

花白色。每一花序结荚 2～3 条,单株结荚 30 条左右。嫩荚绿色、微弯呈镰刀形,每荚有种子 2～5 粒。干种子黄色,脐褐色,椭圆形。早熟,生育期 90 天。耐热、耐旱,抗涝和抗病、虫力强。

8. 成都白水豆　株高 40～50 厘米,第三节开始着生花序。花紫色,间有白色花。每荚有种子 2～3 粒,鲜豆粒黄白色,品质优。早熟。

9. 小寒王　有限结荚习性。株高 70～80 厘米,茎秆粗壮,分枝 2～3 个。结荚较密,每荚有种子 2 粒,籽粒近圆球形,粒大如豌豆。青豆质糯、味鲜、清香、爽滑可口,适宜鲜食、速冻及加工五香豆或罐头。生育期 80 天左右,适于长江中、下游地区种植。

(二)中熟品种

中熟品种生育期为 90～120 天。如广州毛豆、楚秀毛豆等。种子大小中等,品质尚佳。

楚秀毛豆　出苗势强,幼苗健壮。株高 80 厘米左右。有限结荚习性,主茎 16～17 节,顶花成荚率高,中部荚偏稀。叶较大。花紫色。2～3 粒荚为主,荚长 5～6 厘米、宽 1～1.2 厘米,荚上茸毛浅灰色,荚形直。豆粒易煮酥,质糯、口感好,适宜鲜食和速冻。干种子椭圆形、微有光亮,种脐褐色。耐湿,抗倒伏。中熟种。

(三)晚熟品种

晚熟品种生育期为 120～170 天,植株高大,分枝多,种子大,产量高,品质好。如大青豆、通州豆、夏丰 2008 等。这类品种对日照反应敏感,在秋季短日照下开花结荚好,春播时植株枝叶茂盛,易徒长、倒伏,甚至不开花结荚。

1. 大青豆　江苏省南京地区地方品种。植株蔓生,生长势强。株高平均 100 厘米,开展度 75 厘米左右,分枝 10～11 个。叶片绿色,有棕色茸毛。叶长 14 厘米,宽 7 厘米左右。花朵红色。

嫩荚绿色、镰刀形、顶端钝尖,荚表面被白色茸毛,荚长平均6.2厘米、宽1.3厘米、厚0.9厘米,单荚重3～4克。单荚含种子2～4粒,老熟种子绿色、椭圆形、籽粒大,嫩荚品质优。每667平方米产嫩荚500～600千克。宜作夏、秋季栽培。6月中下旬点播,行株距33厘米×30厘米,每穴播种子3～4粒,10月中下旬收获。

2. 通州豆 江苏省南通地区地方品种。植株矮生,生长势强。株高平均75.4厘米,开展度71厘米。叶片绿色。花紫色。嫩荚绿色,镰刀形,荚表面有褐色茸毛。荚长平均8.5厘米、宽1.4厘米、厚0.8～0.9厘米,单荚重3～4克。单荚种子数3～4粒。嫩荚品质中等。中晚熟,耐热、耐湿,适应性强,宜作夏、秋季栽培。5月下旬至6月上旬点播,9月下旬至10月上旬收获,每667平方米产鲜豆荚600～700千克。

3. 夏丰2008 浙江省农科院蔬菜研究所选育的优质夏毛豆专用新品种。有限结荚型。耐高温性强,夏播出苗整齐,生长势旺,根系发达,茎秆粗壮,株型紧凑,抗病性强,耐肥,抗倒性好,全生育期80天左右。株高平均58厘米。白色花。单株结荚32条左右,3粒荚比例高,商品性好。豆荚鲜绿色、灰毛,荚宽1.2～1.3厘米、长约5.1厘米。豆粒种皮绿色,有光泽。籽粒饱满,鲜豆百粒重平均73克。肉质细糯,略带甜味,易煮酥,口感好,品质优。适于作鲜食、速冻和脱水加工。每667平方米产鲜豆荚520～540千克。

4. 开锅烂 株高120厘米左右,株型高大、紧凑,茎秆粗壮。籽粒黄白色、长卵圆形,粒大。晚熟。9月下旬至10月上旬采收,生育期特长,故又名等西风。一般在中秋节以后上市。品质优良。青绿油亮,爽滑适口,煮熟即烂,故名"开锅烂"。是筵席的佳品。

二、栽培技术

(一)春播栽培

1. 整地做畦　早春精细整地,每 667 平方米施腐熟有机肥 2 000～3 000 千克、过磷酸钙 20～30 千克。地力差的田块,基肥中还应加硝酸铵 8～10 千克。在南方酸性土壤,应施生石灰,调节 pH 值至 6～7.5。均匀撒施后整地成畦,一般做高畦,畦宽 1.3 米(含沟)。

2. 播种育苗　南方宜在 3 月下旬和 4 月中旬播种。行距 25～30 厘米,穴距 15～20 厘米,每穴播种子 3～4 粒。条播时株距 5～8 厘米,深度 2～3 厘米。按距离挖穴点播或开沟条播,覆土后再盖些草木灰,既可保持地面疏松,又能增加钾肥。春播品种一般为早熟品种,因早熟品种对光周期反应不敏感,能在夏季长日照调节下开花结荚。

出苗前不要浇水,以免烂种。一般播后 10 天左右出苗,再经 10～15 天当幼苗第一对真叶由黄绿色转变为绿色而尚未展开时,进行间苗,淘汰弱苗、病苗和杂苗,每穴留 2 株壮苗。在幼苗高 6～8 厘米和 15 厘米时各中耕 1 次,疏松土壤,提高地温。开花前进行最后 1 次中耕培土,防止根群外露和植株倒伏。

3. 田间管理　苗期一般不浇水,若过旱时可浇小水,保持 60%～65%的土壤湿度。从分枝到开花期,生长量逐渐加大,对水分的需求量增加,应及时浇水。结荚期,植株生长旺盛,需水分较多,应浇水 2～3 次,使土壤相对湿度达 70%～80%。

二叶期每 667 平方米施硫酸铵 10 千克或腐熟人尿粪 200 千克,促进根系生长和提早分枝。开花初期,每 667 平方米施尿素、过磷酸钙、硫酸钾各 10 千克,以满足结荚所需养分,提高结荚率。

灌浆期肥水应充足,以延长叶片的光合作用,防止早衰,促进蛋白质的形成,减少落花落荚。叶面喷施2~3次2%~3%过磷酸钙浸出液或0.3%磷酸二氢钾溶液,对提高产量和改进品质都有良好的作用。在朝露未干时顺风向叶面撒草木灰和钾肥,对促进结荚、防止缺钾病害很重要。

当豆荚由深绿色变为黄绿色、豆粒仍保持绿色时即可收获。收获后的植株或豆荚应放在阴凉处,保持产品鲜嫩。

(二)夏播栽培

夏播毛豆,南方5月中旬至7月间播种中熟和晚熟品种。夏播毛豆能否高产,早播保全苗是关键。毛豆种子发芽需含水量约为50%。有灌溉条件时,要视墒情播前灌溉,以利于出苗。中熟品种行距40~50厘米、穴距20~30厘米,条播株距10厘米;晚熟品种行距50~60厘米,株距12厘米。

夏播毛豆出苗快,苗期短,应及时间苗定苗,使个体分布均匀,有利于通风透光,达到合理密植,提高产量的目的。

苗期中耕除草2次,保持土壤疏松。干旱时浇水,幼苗生长弱时施入适量氮肥,促苗生长,为丰产打下基础。初花期结合中耕每667平方米追施尿素8~10千克或碳酸氢铵20~30千克。视墒情浇水,保持土壤湿润,满足花荚发育的需要。结荚期喷施0.5%磷酸二氢钾溶液1~2次,促进籽粒饱满。

中晚熟品种开花后40~50天,豆粒长足后适时收获,可增加淡季蔬菜种类;除鲜食外,还可进行冷藏保鲜,冬、春供应市场。

毛豆栽培过程中,采取综合措施防治兔、鼠、病、虫害,是夺取高产的重要措施。在苗期田间喷洒农药,严防野兔咬食茎叶造成缺苗断垄。成株期豆荚螟、卷叶蛾、食心虫发生较严重,可用敌杀死、功夫、敌敌畏防治。在豆荚膨大至成熟期,投放鼠药,杀死田鼠,减少为害。

思考题

1. 简述毛豆的主要类型及其栽培品种。
2. 毛豆春季栽培要掌握哪些技术要点?
3. 毛豆秋季栽培技术包括哪些内容?
4. 如何确定毛豆的采收期?

第八章　四棱豆的栽培管理技术

一、类型与品种

(一)类　型

四棱豆属中可作为栽培种用的有两个品系：一为印度尼西亚品系。多年生，较晚熟，也有早熟类型。小叶呈卵圆形、三角形、披针形等。茎叶绿色，花紫色、白色或淡蓝色。在低纬度地区全年播种均能开花。有的对 12～12.5 小时的长光周期较敏感，营养生长长达 4～6 个月。豆荚长 18～20 厘米，个别的长达 70 厘米以上。我国栽培的多为此类。二是巴布亚新几内亚品系。多为一年生早熟品种，小叶以卵圆形和正三角形居多，茎、叶和荚中均含有花青素因此呈紫色，花也是紫色。荚长 6～26 厘米，表面粗糙。种子和块根的产量较低。近年来国内已开始新品种选育并获得成功。

(二)品　种

1. 桂丰 1 号　主蔓长 3 米左右。豆荚扁平状，肉质肥厚，纤维不易老化。第一花序着生节位 4～6 节。侧蔓 3～6 条。适于密植，每 667 平方米种植 4 000～6 000 株，用种量 1.2～1.5 千克。广西春播 3～4 月份，采收期 7 月上旬至 7 月下旬；夏播 5～7 月份，采收期 8～10 月份。

2. 桂丰 3 号　无限生长型。蔓生。主蔓长 3.5～4.5 米，主蔓 15～20 节开始着生花序。3～10 节共长出 3～7 条 1～2 米长的子蔓，子蔓的 2～3 节开始着生花序。子蔓长出长 1～1.5 米长的孙蔓,孙蔓2节开始着生花序。结荚初期以子蔓和孙蔓结荚为主,后期则以主蔓结荚为主。嫩荚浅绿色,直而大,光滑美观。单株结荚30~50个,每667平方米产嫩荚1 250~1 600千克。

3. 桂丰4号　茎蔓生攀缘,蔓长4~4.8米。分枝力强,茎基部1~6节可分枝4~6条子蔓。茎叶光滑无毛,深紫红色。荚果四棱形,嫩荚绿色、翼边深紫红色,荚大,纤维化较迟。单株结荚50~60个。成熟荚及种子黑褐色。每667平方米栽2 000~3 000株,产嫩荚1 100~1 700千克。

4. 桂矮　分枝能力强,植株呈丛生状,不用支架就能直立。主蔓长11~13片真叶后其顶芽即分化为花芽而自封顶。主蔓长约80厘米。子蔓长出3~4片叶、孙蔓长出1~3片叶后其顶芽分化出花芽而自封顶。主蔓、子蔓和孙蔓各茎节都可开花,结荚主要集中在主蔓7节以下。嫩荚绿色带微黄色,断面呈正方形,单株结荚40条左右。

5. 甬陵1号　植株蔓生,生长势强,其蔓可达4米以上,需搭架栽培。茎光滑无毛、绿色,左旋性缠绕生长。苗期生长缓慢,抽蔓后生长迅速,分枝性强,侧枝多。根系发达,由主根、侧根、须根、块根和根瘤组成,一年生植株便可形成块根。总状花序,腋生。嫩果荚黄绿色,荚长10~12厘米,质脆嫩、纤维少,品质好。成熟荚呈深褐色,内含种子7~20粒。种子球形,表面平滑有光泽。无限结荚习性,春播后约65天始收嫩荚。

二、栽培技术

四棱豆可单种,也可与花生、西瓜、甘薯、香蕉、果树等间作套种。

(一)栽培季节和方法

四棱豆生育期较长,生长发育需要较高温度。一年生栽培一般都是春播秋收;多年生栽培,在冷凉的冬季地上部枯死,以地下块根越冬,翌年温暖潮湿季节到来时自块根上发出新芽又开始生长。

四棱豆枝叶茂盛,单株幅冠大,前期生长慢,适宜与其他作物进行间作套作。也可种植于院中空地中观赏和采食兼用。

(二)播种育苗

四棱豆既可用种子繁殖,也可用块根繁殖,一般以种子播种为主。四棱豆种子种皮坚硬,表面光滑且略有蜡质,透水性差,不易发芽,播种前应进行种子处理。先晒种 1~2 天,再用 45℃~55℃的温水烫种 10 分钟,然后浸种 2~3 天,每天换水 1 次。待种子吸足水并有 90%萌发出芽时,捞出晾干种皮即可播种。也可在播前稍加机械损伤或用稀硫酸浸种,有利于发芽。

四棱豆多采用田间直播,有时为提前上市可利用设施进行育苗移栽。育苗可在大棚、小拱棚等设施内进行。采用营养土块或营养钵育苗。将催好芽的种子播于营养钵或者营养土块内,每钵(穴)2 粒,播后覆细土并盖好薄膜增温保湿。出苗后及时揭膜以防烧苗。出苗前温度控制在白天 25℃左右,夜间 18℃以上。出苗后及时通风炼苗,保持床温 20℃~25℃。待外界气温稳定在 15℃以上,在晴暖天气将薄膜全部揭开炼苗。当生理苗龄达 3~4 片真叶、日历苗龄 30~35 天时即可移苗定植。直播栽培的,每穴播种 2 粒,播后覆土 2 厘米厚,镇压畦面,浇水。当幼苗具有 7~8 片真叶时定苗 1 株。

播种后 1 周,幼苗开始出土时要及时查苗、补苗,幼苗长到 7~8 叶时进行间苗,并及时拔除弱苗、病虫苗、畸形苗,每穴选留

1～2株生长健壮苗。移栽苗如有缺苗、断苗的也应及时补苗。

(三)整地做畦

四棱豆喜温、耐肥、忌渍,宜选择比较肥沃、疏松、排水良好的壤土种植。播种前翻耕24～27厘米深,做畦挖穴,穴内施足有机肥,特别要施磷、钾肥,每穴播2～3粒。

(四)田间管理

1. 中耕除草和培土　四棱豆苗期生长缓慢,要及时中耕除草。幼苗期应结合中耕,浅除草2～3次,松土保墒,提高地温,促进根系发育。主蔓高100厘米左右、植株将开始抽蔓时,结合浇水再中耕1～2次。当枝叶旺盛生长、植株已封行时,停止中耕以免伤根,但此时应培土起垄,以利于地下块根生长。培土高度为15～20厘米。

2. 肥水管理　四棱豆为根瘤豆科作物,有较强的固氮能力,可在苗期少施氮肥。整个营养生长期应控制氮肥用量,以免造成枝蔓旺长,影响开花结荚。但进入生殖生长期(即开花结荚期),应重施磷、钾肥,一般掌握在现蕾开花初期追重肥1次,每667平方米施过磷酸钙50千克、氯化钾15千克。进入开花结荚盛期,应进行根外施肥,7～10天喷1次0.2%～0.5%磷酸二氢钾溶液。每采收2～3次,结合浇水,追施1次磷肥。

四棱豆喜湿润环境,应注意浇水,保持田间湿润,特别是在开花结荚期,保持充足的水分有利于满足枝蔓生长和开花结荚,保证产量和品质。但切忌田间渍水,水分过多会影响根瘤形成和根系的生长发育,造成烂根和落叶、落花、落荚。

3. 引蔓上架及植株调整　四棱豆攀缘性强,出苗后30～40天开始抽蔓,茎蔓长30～50厘米时要及时搭架,引蔓上架。因为地上部比一般蔓生豆类繁茂,结荚又多,荚又大,故架材应选择长

2米以上、直径4厘米以上的竹竿，搭“人”字架或平顶架。

四棱豆主侧蔓生长旺盛，进入开花结荚期后养分竞争激烈。一般在初期将主蔓摘心，促进侧枝生长；后期对生长枝条应多次摘心，促进分枝，控制旺长，减少落花，促进结果。同时对过密的三次分枝和过旺枝叶应及时摘除，以节约养分，保持群体的通风透光，提高结荚率。喷洒生长调节剂对提高结荚率也有一定的效果。可于晴天下午用30毫克/升赤霉素，或30毫克/升的2,3,5-三碘苯甲酸或1毫克/升乙烯利等溶液喷花序，连喷3次以上。

(五)适时采收

开花后12～15天，豆荚色绿变软、尚未木质化时可采摘嫩荚作菜用。如采收过迟，纤维增加，荚壁粗硬，品质变劣，不堪食用。豆荚变褐时可分批收摘老荚，及时摊晒脱粒，种子晒干后贮藏。

四棱豆收获块根，一般应选择专用品种。四棱豆块根的收获，一般在植株落叶前后进行。在冬季温暖、土壤不冻结地区，可留块根露地越冬，翌年生长旺盛，枝叶繁茂，产量高，块根更大。

茎叶的采收，应选择枝叶生长旺盛时采摘枝条最顶端约20厘米嫩茎叶作为蔬菜。尤其生长中期以后枝尖嫩绿、光滑，幼叶未展开，此时采收，品质最佳。

思 考 题

1. 简述四棱豆的类型和主要栽培品种。
2. 如何确定四棱豆的栽培季节?
3. 论述四棱豆栽培中主要的技术环节。
4. 四棱豆因食用部位不同其采收期有何不同?

第九章 扁豆的栽培管理技术

扁豆属于豆科扁豆属,多年生或一年生草本植物,以嫩荚作为主要食用部分。扁豆别名鹊豆、眉豆、娥眉豆、沿篱豆。在我国自古就有栽培,现在在南方栽培较多。

一、类型与品种

(一)类 型

扁豆依蔓的生长习性分为有限生长与无限生长两类。依花的颜色不同,分为红花扁豆与白花扁豆两类。一般红花扁豆,茎绿色或紫色,花为紫红色,叶柄、叶脉多为紫色,分枝多,生长势强,嫩荚紫红色或绿色带红;白花扁豆的茎、叶、荚果均为绿白色,花白色。

(二)品 种

目前生产上应用的大多都是一些地方品种。

1. 紫色小白扁 早熟种。茎蔓性,节间短,分枝性较强。茎、叶柄、叶脉为绿色。花紫红色。荚果绿白色,荚长约 8 厘米、宽约 2 厘米。每荚有种子 3~4 粒。种子黑色,扁圆形。品质佳,质地较硬,供炒食。

2. 猪血扁 较晚熟。茎蔓性,节间长,分枝较多,生长势强。茎暗紫色。叶深绿,叶脉、叶柄均为紫色。花紫红色,花序长 40~50 厘米,每序有 5~6 节,每节有 2 朵花。果荚长约 8.7 厘米、宽约 2 厘米,紫红色。每荚有种子 4~5 粒。种子黑色,千粒重约 440 克。果荚脆嫩、味美,供炒食。

3. 红筋扁 又名红扁豆，上海叫金镶边。晚熟种。耐热，抗旱力强。植株性状与猪血扁相似，只是果荚为绿红色，荚边为紫红色。8月中旬至11月份采收。

4. 常扁豆1号 特早熟。主蔓长约4.1米，50厘米以下分枝2.7个，节间长12～18.5厘米。第一分枝在主蔓的第三节位上，第一花序一般产生于主蔓的第二节上，花序长18～45.5厘米，花紫红色，每花序结荚6～10个。鲜荚长平均9.57厘米，宽3厘米，厚0.54厘米。单荚重约7.15克，每荚有种子5粒左右，荚眉形、淡白色。全生育期240天左右。

5. 常扁豆2号 为早熟、丰产、优质、抗病的白花扁豆新品种。主蔓长约3.4米。主蔓50厘米以下分枝3.2个，节间长12.1～17厘米。第一花序一般产生于主蔓的第二或第三节位上，花序长15.1～42.2厘米。花白色，每花序结荚7～12个。鲜荚长平均9.66厘米、宽2.57厘米、厚0.57厘米，单荚重约6.7克，荚果眉形、淡绿色。每荚种子6粒左右。全生育期240天左右，鲜荚上市比当地主栽品种早90天。

二、栽培技术

(一)栽培季节

扁豆的传统栽培方式多是零星露地种植，初夏播种，秋季收获。近年来，扁豆栽培面积逐步扩大，在栽培方式上也出现了设施内栽培、育苗移栽等，经济效益很高。长江流域露地栽培一般在4月份播种，8～10月份采收。早的可在7月份开始采收，迟的可收至11月份。华南地区在3月份播种。

(二)整地施肥

选择肥沃的壤土或砂壤土。整地时结合施入基肥,一般每公顷施优质农家肥7.5万千克、饼肥1 500千克、三元复合肥1 500千克。做畦宽133厘米、高10~16厘米,沟宽50厘米。

(三)播种育苗

扁豆一般多行直播,畦宽133厘米、高10~16厘米、沟宽50厘米,每畦种2行,行距67~83厘米,株距50厘米。每穴播种3~4粒,覆土厚3~4厘米。

每年在2月下旬至3月上旬选地势高燥、土质疏松、背风向阳的地块做苗床,翻耕整平,铺一层营养土,每平方米苗床用50%多菌灵10克加5~10千克干细土拌匀,撒于播种床畦面,进行土壤消毒。3月中旬在大棚或拱棚内播种育苗。播后覆土并一次性浇足底水,畦面薄铺稻草,盖好薄膜,出苗后15~20天小苗定植。

(四)栽培管理

1. 温度管理　定植后3~5天不通风,促进缓苗。缓苗后棚内气温白天保持20℃~30℃,夜间不低于15℃。

2. 肥水管理　直播的出苗后匀苗,每穴留2株。匀苗后用清淡人、畜粪水施缓苗肥,在第一花序结荚后要加大追肥量。育苗移栽的在定植后要浇足稳苗水,缓苗后浇缓苗水,苗期要穴施1次发酵好的饼肥和磷肥。蹲苗时要严格控制浇水。现蕾时可浇1次小水。中耕划锄。初花期不浇水,待蔓长至1米左右、第一花序结荚后、几节花序相继出现时要浇促荚水,同时每公顷结合浇水冲施三元复合肥375千克,以后每隔30天左右每公顷每次顺水冲施三元复合肥225千克。大量开花后每隔10~12天浇1次水。浇水原则是浇荚不浇花,见干见湿。

3. 整枝搭架 植株开始抽蔓时要搭架,主蔓生长到顶后摘心,无花序的侧枝要及时摘除,有花序的侧枝在第二至第三个花序后留4叶摘顶,侧蔓也可反复摘心,促使不断发生花序。同时要及时疏间过密的枝蔓,摘除老弱病叶,保证植株间的通透性。

思考题

1. 扁豆有哪些主要类型和优良品种?
2. 如何确定扁豆的栽培季节?
3. 简述扁豆栽培中主要的技术环节。

第十章 蚕豆的栽培管理技术

蚕豆又称胡豆、罗汉豆等。我国蚕豆的种植面积居世界第一位,其中又以西南、华中及华东各省栽培较多,云南省的栽培面积最大。除供国内销售外,还出口东南亚及日本等国。其品质深受好评。

一、类型与品种

(一)类 型

蚕豆在生产上一般习惯的分类方法有3种。一是根据籽粒形状、大小、重量分为大粒种、中粒种和小粒种。大粒种子宽而扁薄,百粒重120克以上。植株高大,叶片也较宽,结荚较少。多数对肥水条件要求较高,抗寒性较差。中粒种种子扁椭圆形,百粒重70~120克。植株及叶片中等类型的多,结荚也较多。小粒种种子近圆形或椭圆形,百粒重70克以下。比较耐旱、耐瘠薄,对气候和土壤条件要求不严格,结荚多。但籽粒品质较差,一般不作蔬菜用栽培。二是根据种皮颜色可分为白皮种、青皮种、红皮种和绿皮种。三是根据生育期长短还可分为早熟种、中熟种和晚熟种。

(二)品 种

1. 昆明白皮豆 地方良种。株高80~100厘米,茎粗壮,分枝习性半直立。花白色。落花、落荚较少。结荚习性好,粒较大而扁平。中粒种。种皮白色,种脐有黑、白两色。生育期190~195天。

2. 保山透心绿 株高 60～80 厘米，茎秆粗壮。开花结荚较多，多为 1～2 粒荚，3 粒荚较少。种皮绿白色，子叶绿色。味美，品质佳。比较耐旱，适宜密植。生育期 150～160 天。种子成熟后子叶还能保持鲜嫩的绿色。

3. 启豆 1 号 株高 115～120 厘米，叶片椭圆形、浅绿色。分枝性强，结荚习性好。豆荚长，籽粒多，豆壳较薄。生育期 220 天左右。

4. 优系 2 号 从启豆 1 号中选育出的品种。株高 105～110 厘米，株型紧凑，抗倒伏性好，结荚多(单枝结荚 5 个左右)。籽粒在豆荚中排列紧密，大多为 4 粒荚。籽粒绿色。高抗锈病，耐赤斑病。

5. 慈溪大白蚕 植株高 110～130 厘米，分枝 4～5 个，单株产量高。生育期 210～215 天，百粒重 120～135 克。种子宽而薄，呈大粒、阔薄形。食味佳美，商品性好，颇受国际市场欢迎。但耐湿性较差，对栽培条件要求严格。

6. 水厢胡豆(耐湿蚕豆) 耐湿性特强，宜在地下水位高、排水困难而容易积水的地区种植。品种主要有两个：一个是小胡豆，植株矮小、仅 50 厘米左右，结荚多而密，耐寒也强；另一个是大胡豆，株高 80 厘米左右，需肥多，耐寒性弱，宜早播。

二、栽培技术

(一)栽培季节和茬口安排

蚕豆的栽培，可分为春播和秋播两类地区。南方地区一般都是秋播。其播种期因各地的气候、耕作制度和品种的不同而异，但大都集中在 10 月份。长江下游一带以 10 月中旬为宜，一般不应迟于 10 月下旬。华南沿海地区以 11 月中旬播种为宜，迟的可推至11月下旬。西南地区的云南一般在10月上中旬播种,贵州、四川等地在10月中下旬播种。

蚕豆和豌豆一样忌连作,一般需要轮作3年以上。南方地区蚕豆多与水稻或玉米、甘薯、棉花等轮作,1年两熟或三熟。另外,蚕豆还可与其他作物实行合理间套作和混播,可提高土地利用率,增加产量和产值。如四川在麦田、油菜田、菜地、果园、桑园中间作,与玉米、棉花等套作,或与绿肥作物混种。江浙一带多采用蚕豆与棉花、小麦、苜蓿等间套作或在晚稻收割前套种蚕豆。

(二)播 种

蚕豆主根粗壮,入土深,播种前要创造比较疏松、湿润的土壤环境。因此,整地非常重要。根据各地的不同情况,一种是耕翻整地,如四川、湖北、湖南、江苏、浙江等冬春降水量较多、湿度较大、土壤比较疏松的地区。一种是不耕翻整地,这种方法在云南、贵州等地采用较多。因为这些地区冬、春气候干燥少雨。在头年11月份至翌年4月份为旱季。一般每公顷施300~375千克过磷酸钙和适量草木灰作基肥。

播种前选择粒大饱满、成熟好的种子,淘汰混杂种、劣种。在适宜的播种季节内以早播为好。播种方法有打穴点播和开行点播两种。播种深度以6厘米左右为宜。播种过深子叶节上分枝退化,分枝节埋在土中,分枝减少。因此适当浅播与深播相比,有效分枝可增加15%左右。播种时,蚕豆下种以分散等距离为好,避免出苗时相互拥挤,有利于地下根系分布均匀。另外,蚕豆也可以采取浸种催芽播种的办法,能提早3~5天出苗。

蚕豆是分枝作物,单位面积产量是由单位面积的有效分枝数、每枝荚数、每荚粒数和粒重构成。因此,合理密植对提高产量尤为重要。但过分密植也易造成郁闭,光照不足,对生长发育影响很大。一般大粒种每公顷播52 500~75 000穴,每公顷基本苗15

万～19.5万株；小粒种每公顷播120 000～150 000穴，基本苗36万株左右比较适宜。

（三）肥水管理

蚕豆是需肥较多的作物，增施磷、钾肥有明显的增产效果。虽然蚕豆根瘤菌可以固氮，但仍有1/3左右的氮素营养是从土壤中吸取的。因此，合理施用氮肥也有一定的增产效果。蚕豆在不同生育期，对各种养分的吸收差异很大。出苗至花期主要吸收钾，其次是钙和氮。开花期是需营养物质的关键时期，此时需大量的氮、磷、钾、钙等养分，占一生中所需量的50%左右。开花结束后对养分的需要量减少，因此苗期要早施肥，以促进根瘤迅速形成，发育良好。一般主茎第一张复叶平展就可追肥，每公顷施用三元复合肥60千克左右。在早春要施春肥，在立春后应追肥，每公顷用三元复合肥60～75千克。到花荚期，蚕豆开花结荚需要消耗大量的养分，在初花期时即应追肥，每公顷用人粪尿7 500千克和尿素等化肥105～120千克。另外，在开花结荚期还可根外追施钼、硼肥，可以增产10%左右，一般使用0.05%浓度，在始花期、盛花期各喷1次效果最好。

蚕豆是需水较多的作物，但土壤水分太多又会严重影响生长发育，病害加重。南方地区应根据当地的气候条件注意适时浇水和排水。长江中下游地区、贵州、华南等地，冬、春降水较多，要注意排水，特别是在开花期，若遇连绵阴雨，极易造成花荚大量脱落，病害加重而减产。要及时排水，开沟深30厘米以上。对于云南等干旱地区（蚕豆栽培季节），要适时浇水。出苗期一般不浇水，适当蹲苗结合中耕培土。只有在特别干旱时才适当浇水。进入花荚期后要注意土壤墒情，及时补充水分，使土壤持水量保持在25%～30%为宜。保持田间湿润，地干即浇水。在鼓粒时，注意补充鼓粒水，否则会造成早枯逼熟，百粒重下降。

(四)植株调整

蚕豆及时进行植株调整可以改善群体结构,把单位面积茎枝数控制在适宜的范围内,促进分枝早生快发,增加早生壮枝的比重。同时除去无效茎枝,减轻田间荫蔽程度,改善小气候环境。另外,通过植株调整还可以调整植株内部养分的合理分配,改善蕾、花、荚的营养物质供给等。蚕豆的植株调整,主要包括以下3个方面。

1. 打主茎　又称为打豆母枝、摘心等。苗期打主茎后体内养分向侧枝转移,促进分枝早发,茎枝粗壮,不徒长。同时还可以推迟开花期6~7天,减轻霜冻危害。长江中下游地区一般在2月上中旬与剪除冻害枝、弱枝等同时进行。湖南等地也有在12月份进行的。云南等地冬前蚕豆生长快,一般在11月份有4~5片复叶时打主茎较为适宜。不同的品种要求不一。一般冬性及半冬性品种主茎多不结荚,在冬季枯萎死亡。有的虽不死但生长纤细,开花结荚少,因此宜打主茎。而春性品种主茎一般都开花结荚,而且分枝较少,则不宜打茎。打主茎最好在晴天露水干后进行,以免雨水浸入茎秆引起腐烂。打去的顶尖不宜过多,要留3~4片复叶,以便尽量多保存叶片进行光合作用。

2. 打无效枝和弱枝　蚕豆发生早的分枝多为有效分枝,发生迟的分枝多为无效分枝。一般大田无效分枝约占20%,多者达40%左右。迟发无效分枝不仅不能结荚,反而造成郁闭,争光争肥,影响早发有效枝的生长。因此,通过整枝及时剔除无效枝和弱枝,能加强优势分枝使其形成壮枝,增加产量。据观察,通过打无效枝和弱枝,可使每公顷的有效枝保持在43.5万~45万枝,单枝结荚平均4.6个,每荚平均2.95粒;而未整枝的蚕豆,每公顷有53.55万个分枝,每枝结荚仅2.9个,每荚只有2粒。同时粒重轻,病虫害和倒伏严重。一般在蚕豆生育期剔除无效枝和弱枝2~3次,一般剔除第三分枝以后的分枝。当然,打无效枝和弱枝还要根据田间群体具体生长的情况而定。一般在播种较密、生长茂盛的情况下，其增产效果好。相反，播种较稀、群体不大的情况下，增产效果较小，甚至不增产。

3. 打顶 打顶有的地方也叫打尖、摘心。一般是在蚕豆开花结荚后期将茎枝顶心摘除。因为蚕豆顶部的花多为不孕花，而且大量养分流入植株顶端供茎叶生长，消耗养分，使流入中下部花荚的养分减少，影响中下部结荚。所以，在生育期适时打顶，对后期生长发育、提高产量有良好的作用。打顶的时期应根据各地的自然气候、不孕花出现的时期等因素决定。过早打顶会降低成荚率和百粒重，对产量不利。同时植株上部叶片有一定的防霜作用，过早打顶也易导致重霜的危害。一般情况下，当日平均气温高于15℃～17℃、早播的蚕豆出现6～7片复叶、晚播的蚕豆出现5～6片复叶时会出现无效花簇，以此时打顶为宜。长江中下游地区一般应在4月中下旬进行打顶。湖南等地一般在开花末期或大部分植株茎部已结荚时进行。云南等地区多在开花末期至成熟收割前20天左右打顶。

(五)采　收

蚕豆种子的成熟过程可分为绿熟期、黄熟前期、黄熟后期和完熟期4个阶段。绿熟期时，植株茎秆、荚和种子都呈鲜绿色，种子体积基本上长足，已达到最大体积，含水量很高，容易用手指挤破作为蔬菜食用的蚕豆荚即以此时收获为宜。

思考题

1. 简述蚕豆的类型和主要栽培品种。
2. 简述蚕豆栽培中主要的技术环节。
3. 蚕豆在肥水管理时要注意哪些问题？
4. 蚕豆的植株调整包括哪些内容？如何具体操作？

第十一章　利马豆的栽培管理技术

一、类型与品种

利马豆可分为大粒利马豆和小粒利马豆两种类型。传统上把大粒品种叫利马豆，小粒品种叫雪豆。小粒利马豆俗称小菜豆，为一年生的豆科草本植物，蔓生或矮生，茎细而脆弱。三出复叶，由3小叶组成，叶小而薄，早熟。叶面光滑，淡绿色。花小，白色或淡绿色。荚果稍弯，长5~10厘米、宽1.2~1.9厘米，成熟时开裂。每荚有种子2~4粒，种子细小，扁平近肾脏形，种子两面，自种脐至缝线有明显放射状条纹，百粒重50~70克。种子有白色、褐色和赤色等。我国中北部各地区均有栽培。大粒利马豆俗称大菜豆，为一年生或多年生豆科草本植物，一般情况下，在热带地区可多年生，在温度较低的地区为一年生。植株生长旺盛，分枝发达，蔓生或矮生，晚熟。三出复叶较大，阔披针形，叶厚而韧硬、暗绿色。荚果扁平，稍弯曲，荚果长7.6~15.2厘米、宽2.6~3.25厘米。种子有各种不同的颜色，籽粒大而扁平、肾脏形，百粒重120~130克。种子发芽力可保持3~8年。该类型利马豆在热带地区多年生，在温度较低地区为一年生。我国主要分布在南部地区。

利马豆地方品种资源主要来自福建、江西、广东、广西、云南、江苏和安徽等省、自治区的南部地区。目前我国种植的优良品种，是各地的地方品种，主要在我国南方地区种植，有大粒种和小粒种两种类型。

(一)大粒种

1. 大花玉豆 江西省早年由福建引进。喜凉爽、晚熟、生育期260天以上,每公顷产青荚7 500千克。小叶叶片先端尖而细长。种子较大、近似肾形,上有红色花纹。百粒重140克。种子含淀粉多,风味鲜美,品质佳。产量较低,仅在少数山区种植,在平原地区生长不良。

2. 花仁荷包豆 在广州市郊各地均有少量种植,植株蔓生。节间长10~20厘米。小叶先端尖、基部圆,青绿色。白色花。每花序结2~3条荚,荚扁平,长约11厘米、宽约2.5厘米,稍弯曲,边缘厚,有小突点,表面粗糙,青绿色。每荚种子数2~3粒,种子肾形、白色带有红花纹,百粒重128克左右,以成熟种子供食用,品质优良。

3. 福建宁寿皇帝豆 种子大,白色。晚熟。

4. 江苏启东荷包扁豆 种子大,紫色。中早熟。

5. 云南腾冲荷包豆 为大粒种。白底红花。适应性广,较早熟。适口性好,有香味。

6. 云南弥勒京豆 大粒,粒色紫花纹。

(二)小粒种

1. 白仁荷包豆 早熟。植株蔓生,节间长约20厘米。分枝性强,茎绿色。小叶尖卵形,长10~12厘米、宽5厘米,先端较尖,青绿色,叶柄长15厘米。白色花。每花序结荚3~4个,荚扁平,长约10厘米、宽约2厘米,边缘有小突点,表面粗糙,青绿色。每荚种子数2~3粒,种子肾形、白色,百粒重65克左右。品质优良。

2. 红玉豆 江西省早年由福建引进。较晚熟,生育期210天左右。较耐热、耐旱,每公顷产青荚6 000千克。植株蔓生,蔓长3~4米。小叶尖卵形,深绿色。第一花序着生于主蔓第十五节至

第十七节。花淡紫色。每花序结3~5条荚,荚扁平,长约9厘米、宽约2厘米、厚约1厘米,青绿色,无茸毛。每荚种子数2~3粒,种子近肾形、紫红色,具深色花纹,有光泽,种脐白色,百粒重平均60克。以种子供食,品质中上等。

3. 白玉豆　江西广丰地区栽培品种。较早熟,生育期200天左右。较耐热、耐旱,抗病性较强。产量高,品质佳。每公顷产鲜荚7 500~11 250千克,产干种子3 750~5 250千克。植株蔓生,蔓长3~4米,分枝性强。小叶尖卵形,深绿色。第一花序着生于主蔓第三至第五节。花白色。每花序结3~6荚,荚平直,长约9厘米、宽约2.1厘米、厚约1厘米,青绿色,无茸毛。每荚种子数2~3粒,种子近似肾形、白色带有光泽,百粒重平均51克。

4. 小花玉豆　江西省早年由福建引进。晚熟,生育期220~230天。喜凉爽。每公顷产青荚7 500千克左右。植株蔓生,蔓长3米以上。小叶尖卵形,深绿色。第一花序着生于主蔓第十七节。花白色。每花序结2~3条荚,荚扁平、青绿色,上有暗红色花纹,百粒重50~60克。

5. 广西蒙山花荷包豆　小粒,在广西蒙山一带种植。

二、栽培季节及栽培方式

栽培模式有单作和间作,栽培方式因地区、季节而异。

(一)栽培季节

利马豆的种植季节依不同地区无霜期的长短而定。当10厘米深处的土壤温度稳定达12℃以上为播种适期,南方地区一般2~3月份播种。江浙一带多在4月上中旬播种,也可在3月下旬在冷床、塑料大棚中用营养钵(钵直径为8~10厘米)育苗,每钵播4粒种子。一般在4月下旬至5月上旬定植,苗高10~15厘米时带土移栽，定植密度每公顷1.8万~3万株。

(二)栽培方式

利马豆不宜连作，一般与小麦、玉米、马铃薯、油菜等作物轮作倒茬。其栽培传统可分单作和间作两种栽培模式。

1. 单作 利马豆的生育期长，一般多在田边地埂、房前屋后零星种植，也有单作成片栽培。利马豆单作以直播起垄覆膜栽培为主要栽培方式。也采用平畦穴播栽培方式。

2. 间作套种 多花菜豆可与马铃薯、玉米、高粱、向日葵等作物间作套种栽培，利用高秆作物作支架，可免去插架劳务；种在幼龄经济林如橡胶树行间，既可作绿肥，也可作覆盖作物。间作套种多采用地膜覆盖起垄栽培。

三、栽培技术

利马豆栽培的方法与菜豆基本相似。

(一)整地施足基肥

利马豆生长期长，要求播前施足基肥。一般每667平方米施有机肥1000千克，氮肥5.3~18.7千克，磷肥1.9~16.7千克，钾肥1.9~16.7千克。其用量主要取决于土壤类型和土壤肥力。追肥时需开沟施肥。一般土壤pH值为6以下时，每667平方米用1.5千克石灰进行改良；如土壤pH值为6.5以上时，每667平方米增施锰肥0.3~0.7千克。抽蔓插架前和开花结荚期要追肥，每667平方米施清粪水1500千克，并加入硫酸钾、过磷酸钙2.5千克。

(二)播种育苗

1. 种子精选处理　播种前要精选种子,选出粒大饱满、大小均匀、色泽一致、无病斑虫卵、无机械损伤的种子,并晒种 1~2 天。播种时要接种豇豆族根瘤菌,有利于利马豆的植株生长。

2. 播种时间　长江中下游一带栽培的白粒小利马豆,一般在 4 月上中旬露地直播,或在 3 月下旬至 4 月上旬在冷床或塑料薄膜床中用直径 9 厘米的营养钵或纸袋育苗,每钵播种子 4 粒,4 月下旬至 5 月上旬定植。

3. 播种密度及播种量　蔓生种行距 84 厘米、穴距 24 厘米,每 667 平方米用种量因品种类型而异,大粒利马豆每公顷需种子 112 千克左右,小粒利马豆每公顷需种子 60 千克左右。利马豆的栽培密度因品种类型、种植方式而异。单作矮生直立品种,一般行距 60~70 厘米,株距 10~20 厘米。蔓生种由于插架,一般双行播种,行距 75 厘米,株距 15~30 厘米。播种量随种子大小及发芽率高低而异,大粒种每公顷 130.5~169.5 千克,小粒种每公顷 55.5~78 千克。间作因主栽作物栽培方式而定。直播时每穴 2 粒种子。育钵盖膜、盖土宜浅,2 厘米左右。土壤不宜太湿。

4. 播种方法　一般采用机械、人工或畜力开沟条播或穴播。播种深度 3~5 厘米。

(三)田间管理

1. 中耕除草、间作、追肥和浇水　春季温度较低,利马豆苗生长较慢,从出苗到封垄一般应进行 2~3 次中耕除草。如与其他作物间作,则随主作物的中耕除草而同时进行。追肥、浇水可结合中耕进行。

2. 插架整枝灌水

(1)插架　苗高 30~40 厘米、开始抽蔓时插架,一般以“人”字形为宜,使茎叶缠绕生长。由于插架费工费时,又有明显的遮荫影响,为夺取高产,可用荧光色的塑料绳代替竹木支架,既节省劳力,又有一定的驱避蚜虫作用,这也是无公害生产的新举措。

(2)整枝　利马豆主、侧蔓的腋芽多数为花芽,能陆续抽生花序和结荚,植株现蕾后茎蔓营养生长达到高峰,转入开花结荚阶段,茎叶生长速度减缓。生长前期,应抹去主蔓1.5米以下的腋芽,避免过早抽生花序,减少养分消耗,有利于整个生育期间开花结荚,提高产量。

(3)浇水　利马豆在潮湿地区生长茂盛,在干旱地区也能生长。根系入土较深,有较强的抗旱能力,但为使其生长良好,产量稳定,也需要灌溉。在较干旱条件下浇水,可使荚大、籽粒饱满,但过度潮湿则易感病。在北京地区种植,全生育期需浇水2~3次。封垄前结合插架浇1次水,7~8月份雨季不用浇水,雨季过后如遇干旱再浇水1次,以利于鼓粒。在南方,春雨低温时需开沟排水,秋旱严重时需进行灌溉。

思考题

1. 简述利马豆的主要类型及其栽培品种。
2. 如何确定利马豆的栽培季节和栽培方式?
3. 利马豆的栽培技术主要包括哪些环节?

第十二章　豆类蔬菜病、虫、草害防治技术

一、主要病害及防治

（一）生理性病害

豆类蔬菜对矿质元素的缺乏比较敏感，易发生生理性病害。特别是在一些老菜区，由于连年种植，往往导致土壤中某些元素的缺乏，如不及时补充，其症状会表现较重。要注意区分这一类病害，它与细菌、真菌及病毒等侵染造成的病害，性质是不一样的。豆类蔬菜由于营养缺乏而产生的生理症状如表4所示。

表4　豆类蔬菜营养缺乏症检索表

1. 全株或茎下部较老叶片表现病斑

　2. 全株表现病症，下部叶片变黄干枯

　　3. 植株淡绿色，下部叶片首先变成淡黄色，然后变成棕色而凋落，很快其他叶片也受到影响。植株生长矮瘦……………………………………缺氮

　　3. 植株暗绿色，叶柄及子叶向上直立，茎可能微显红色，植株矮瘦……缺磷

　2. 仅下部叶片出现具有或没有死亡组织的缺绿花斑，但不干枯

　　3. 叶片上主要叶脉间的部分先变淡色，再变成深黄色。叶片基部及中下部分则不受影响。生长后期缺乏时，叶缘向下卷曲，并由边缘向内逐渐变黄，最后变成青铜色……………………………………………缺镁

　　3. 先沿叶片边缘发生黄色花斑，以后围绕叶的尖端及边缘联合起来，形成一个很明显的边缘，且很快干枯凋落，叶片小的豆类作物全部叶片均受到影响，生长受到抑制……………………………………………缺锌

1. 较幼叶片表现病斑，生长矮矬

续表 4

2. 顶芽死亡，幼叶的尖端或基部歪扭
3. 生长点附近叶片发黄，有时并发红，下部叶片仍绿色。节间缩短，形成簇生状态，幼芽好像变成白色或淡棕色的死亡组织，开花很少…………缺硼
2. 顶芽未死
3. 叶片呈淡绿色到黄色，叶脉仍绿色，叶片上有枯死斑点。大雨后可能使幼叶的缺绿消失……………………………………缺锰
3. 叶片呈黄色至几乎白色，主要叶脉呈绿色，叶缘部分出现枯死斑点，后即脱落……………………………………………缺铁
3. 叶片及叶脉都变成淡绿色至黄色，幼叶最先受到影响……………缺硫
3. 幼叶片可能皱缩凋谢，但不褪绿，叶片常脱落过多，植株生长矮矬……缺铜

对于上述由于营养缺乏而导致的生理性病害，在查明症状后对症下药，采取相应的肥料补充，一般不久其症状即可缓解、恢复生机。

（二）猝倒病、立枯病和沤根

猝倒病、立枯病及沤根是豆类苗期的重要病害。苗期如管理不当，常引起烂种和死苗，有的苗尚未出土就因胚和子叶腐烂而死亡。猝倒病俗称"小脚瘟"，立枯病亦称"霉根"。这 3 种病害在春季早熟栽培中用苗床育苗时表现比较严重。

1. 危害症状

（1）猝倒病　苗期发病，病苗茎基部呈水渍状病斑，呈浅黄绿色，发展迅速。在子叶尚未凋萎前，幼苗即猝倒死亡。开始时只见个别幼苗发病，几天后即以此为中心，向外蔓延扩展，最后引起成片幼苗猝倒。在高温高湿时，寄主病残体表面及其附近的床面上，长出一层白色棉絮状菌丝。

（2）立枯病　幼苗从刚出土至移栽前都可以受害，但一般多发生在育苗的中后期。受害的幼苗在茎基中产生暗褐色的病斑,早期的病苗白天萎蔫,夜间恢复。病斑逐渐凹陷,扩大后绕茎一周,最后病部收缩干枯。整个上部植株死亡,但病苗仍直立不倒。拔去病苗有时可见褐色蛛丝网状的霉,不长明显的白色棉絮状物,可与猝倒病区分。

(3)沤根　幼苗的根部不发新根,根皮初呈褐色而后腐烂,造成地上部分萎蔫,容易拔起。

2. 病原菌及发生规律　猝倒病是由鞭毛菌亚门腐霉属真菌瓜果腐霉菌侵染引起的;立枯病是由半知菌亚门丝核菌属的真菌里库丝核菌侵染所致;沤根则是一种生理病害,由苗床低温、高湿和光照不足所引起。

猝倒病的病菌以卵孢子和菌丝在土壤中越冬及度过不良的环境条件,可存活2~3年。在适宜的条件下萌发产生游动孢子,卵孢子也可以直接长出芽管侵害寄主。游动孢子借雨水和灌溉水的流动传播。同时带菌的土壤、堆肥、农具的转移等,都可以传播。幼苗发病后病部不断产生孢子囊,进行重复侵染,使病害不断向四周扩散蔓延。立枯病的病菌主要以菌丝体或菌核在土壤中或病残体中越冬,腐生性较强,可存活2~3年,通过雨水、灌溉水、带菌的土壤、农具等传播蔓延。病菌从幼苗的茎基部和根部的伤口侵入,或直接穿透寄主的表皮侵入。

土壤湿度是诱发猝倒病和立枯病的重要条件。床土湿度过大,不但有利于病菌孢子的萌发和侵染,也会妨碍幼苗根系生长,使其抗病力降低,发病就重。就温度而言,低温易诱发猝倒病,而立枯病多是在温度较高、幼苗徒长时发生;若温度低于幼苗生物学临界温度时则极易发生沤根。另外,光照不足、通风透气不良、用旧床土育苗、与豆类或瓜果类蔬菜连作、播种过密、施用未腐熟的肥料等,都会导致上述病害的发生。

3. 防治方法　主要从改善栽培条件、药剂防治入手。

(1)苗床应设在地势高、排水良好的地方　选用无病新土或风化的河泥做床土。旧床土继续使用时，要进行消毒处理，可在播种前2~3周，将床土耙松，每平方米用40%甲醛50毫升加水2~4升(加水量视土壤干湿度而定)浇于床上，然后用塑料布或麻袋覆盖4~5天，再除去覆盖物，并将处理过的表土耙松，约经15天，待药液充分挥发后才可播种。苗床施用的基肥必须充分腐熟，播种均匀、不宜过密。

(2)种子消毒　可用50%多菌灵可湿性粉剂或50%福美双可湿性粉剂浸种，用药量为种子重量的0.3%。

(3)加强苗床管理，做好保湿工作　白天在幼苗不受冻的前提下尽早通风换气，加强光照。同时要控制苗床内的湿度，使之不宜过大。

(4)药剂防治　在发病初期先拔出病苗，并带出田外集中深埋或烧毁，然后喷洒铜氨合剂(配法：1份硫酸铜+10份氨水或1份硫酸铜+2份消石灰+7.5份碳酸铵混合后密闭24小时)防止病害蔓延。使用时取药粉1份，溶解在400份水中，喷洒后隔7~10天再喷1次，效果更好；也可以用75%百菌清可湿性粉剂1000倍液，或50%多菌灵可湿性粉剂600倍液喷洒。苗床喷药后可撒施草木灰或细干土以降低湿度。此外，苗床施用5406菌肥与床土混合均匀，对猝倒病和立枯病也有一定的抑制作用。

(三)细菌性疫病

细菌性疫病又称火烧病、叶烧病。全国各地均有发生，是菜豆最常见的病害之一。本病害还可以危害豇豆、扁豆、绿豆和小豆等。

1. 危害症状　植株的地上部均可发病。播种有病种子，萌发后子叶多呈红褐色溃疡状，其后可在着生小叶的节上或第一片真叶的叶柄、叶片上产生水渍状小斑，后扩大成红褐色溃疡状，易使茎折断或使苗株枯萎。叶片被害时，在叶片上初生暗绿色油渍状小斑点，后变为褐色，呈不规则形，被害组织逐渐干枯、半透明。病斑的周围有黄色晕，病斑上常分泌出一种淡黄色的菌脓，干后在病斑表面形成白色或黄色的薄膜状物；严重时叶片上的病斑相互愈合，引起叶片枯死，但一般不脱落，经风吹雨打后病叶碎裂。在高温潮湿的条件下部分病叶有时迅速凋萎变黑。嫩叶受害则扭曲畸形，危害严重的则皱缩脱落。茎部受害，产生红褐色、长条状、稍凹陷、略呈溃疡状的病斑。豆荚受害最初呈暗褐色的病斑，扩大后为不规则、红色、有时略带紫色，最后变成褐色的病斑，其中央部分下陷，斑面常有淡黄色的菌脓；严重时，全荚面皱缩而褪色，产生黄斑或黑色的凹陷小斑。种子被害时病斑淡黄色，潮湿时分泌出细菌黏液。

2. 病原菌及发生规律 本病是由黄单胞杆菌属细菌侵染引起的。病菌发育最适温度为30℃，最高温度38℃，致死温度50℃、10分钟。pH值5.7~8.4，最适pH值7.3。

病菌主要在种子内越冬，在种子内可存活2~3年。也可随病残体留在土壤中越冬，但病残体分解腐烂后病菌即死亡。带菌种子发芽后病原菌危害子叶及生长点，并产生菌脓。由风与昆虫传播，从植株的水孔、气孔及伤口等处侵入。子叶发病有时不产生菌脓，病菌则在植株的输导组织内扩展，以后迅速延及植株各部。

病害的发生和环境条件有密切关系。在受害部位有水滴的前提下，在24℃~32℃温度范围内均可发病，并且侵染率随温度的提高而增加。但到36℃时，其侵染会受到抑制。在高温条件下，潜育期2~5天、短的只有1天左右；在高温多雨、特别是暴风雨的环境下，发病严重。此外，栽培管理不当，红蜘蛛等害虫发生严重、肥料缺乏、杂草丛生，一般发病比较重。

3. 防治方法 主要从改善栽培条件和药剂防治入手。

(1)用无病种子和种子处理 从无病植株上留种。种子可用

45℃温水浸种10分钟，然后在冷水中冷却，催芽播种。或用50%福美双可湿性粉剂、敌磺钠原粉拌种，用药量均为种子重量的0.3%。

(2)轮作　与非豆科蔬菜轮作2～3年。

(3)加强田间管理　及时中耕除草，合理施肥，防治病虫害，把病叶、病株清除干净，集中带出田外深埋或烧毁。收获后将地面上的病残体集中销毁，消灭越冬病原体。

(4)药剂防治　发病初期可喷施72%农用链霉素可溶性粉剂250微升/升，或65%代森锌可湿性粉剂500倍液，或1:1:200波尔多液。

(四)锈　病

1. 危害症状　豆类锈病发生普遍，各种豆类都有发生，有时危害严重。主要危害叶片，也危害叶柄、茎和豆荚。叶片被害时，开始产生黄白色褪绿斑点，稍突起，后逐渐扩大成小疱病斑，呈现黄褐色的夏孢子堆，表皮破裂，散出红褐色粉末(夏孢子)。往往一个夏孢子堆周围，还有许多夏孢子围成一圈，其外围常有黄晕(在豇豆上发生较普遍)。夏孢子堆一般多发生在叶背面，而在相对方向的正面部位形成褪绿斑。发病后期或寄主接近衰老时，夏孢子堆转变为黑色的冬孢子堆，或者在叶片上长出冬孢子堆。叶脉上如果产生夏孢子堆或冬孢子堆时，叶片变形、早落。发病严重时，茎、叶提早枯死。

2. 病原菌及发生规律　锈病是由担子菌亚门，单胞锈菌属真菌侵染所致。菜豆锈病的病原菌是疣顶单胞锈菌，豇豆锈病为菜豆单胞锈菌，蚕豆锈病为蚕豆单胞锈菌。

豆类锈菌除豌豆锈菌是转主寄生外，其他3种锈菌都是单株寄生的长形锈菌，有生理专化型(表5)。

表5　3种豆类锈菌形态比较

项　目	菜豆锈病菌	豇豆锈病菌	蚕豆锈病菌
性孢子器	罕见	罕见	橘红色小点
孢子器	罕见	罕见	白色或黄白色小点，周缘白色
夏孢子	单胞，短椭圆形或卵形，黄褐色，表面有细刺，大小为18～28微米×14～18微米	单胞，椭圆形或卵形，黄褐色，大小为19～36微米×12～35微米，表面有细刺	单胞，球形，淡褐色，大小为18～30微米×16～25微米，有黄色的柄
冬孢子	单胞，圆形或短椭圆形，顶端有乳头状突起，下端有长柄，栗褐色，表面光滑或仅上部有微刺，大小为24～41微米×19～30微米	单胞，圆形或短椭圆形，顶端有乳头状突起，下端有长柄，栗褐色，表面光滑或仅上部有微刺，大小为24～40微米×20～34微米	单胞，近圆形，深褐色，基部有柄，大小为20～24微米×17～28微米

在南方温暖地区，主要以夏孢子越冬。锈病病菌主要以夏孢子重复侵染，夏孢子萌发产生芽管，从气孔侵入，形成孢子堆后又散出夏孢子危害。夏孢子主要通过气流传播，人、畜、工具的接触也能传播。诱发豆类锈病的主要原因是高温和高湿。寄主表皮上的水滴是病原菌萌发和入侵的重要条件，所以在高湿、多雾和重露的条件下，此病易流行。另外，种植地低洼、排水不良或种植过密、通风不良等发病也重。

3. 防治方法

(1)农业综合防治　选用抗病品种，实行轮作，合理密植，注意排水，降低湿度，清洁田园。加强田间管理，提高植株抗病能力。

(2)药剂防治　发病初期，喷施65%代森锌可湿性粉剂500倍液，或70%甲基托布津可湿性粉剂1000倍液，或50%多菌灵可湿性粉剂800～1000倍液，均有效。每隔7～10天喷药1次，连喷3

次。另外，也可以喷硫黄粉或硫黄石灰粉(硫黄∶消石灰 = 3∶1，混合均匀)，可达到防治效果。

(五)病毒病

病毒病又称花叶病。其分布范围很广，一般情况下危害并不很严重。但严重时可造成绝收。菜豆、豇豆、豌豆等均可发病。

1. 危害症状 菜豆嫩叶初呈明脉、缺绿或皱硬现象，继续生长出来的嫩叶呈现花叶。花叶的绿色部分突起或凹下呈袋形。叶片通常向下弯曲，有些品种感病后叶片变成畸形。感病植株矮缩或不矮缩，开花延迟，果荚很少产生病状。菜豆黄色花叶病毒所引起的病斑一般比较严重，花叶的颜色较黄，叶片向下并弯曲。

豇豆感病植株呈现明显或不很明显的明脉(叶脉淡黄色、透明)症状，以后长出的新叶呈典型花叶症状。有些花叶叶片或多或少畸形，有些叶片的叶脉呈现绿带(沿叶脉一带深绿色)，病叶较小。成株生长受到抑制。苗期感病，植株严重矮缩，甚至枯死。毛豆、豌豆等发病症状与上述基本类似。

2. 病原病毒及发生规律

(1)菜豆普通花叶病毒 侵染菜豆、豇豆、扁豆等，传染媒介昆虫为棉蚜等。汁液摩擦可以传毒。种子带毒率高达30%～50%，土壤不带毒传病。

(2)菜豆黄色花叶病毒 侵染菜豆、豇豆、毛豆、豌豆等，传染媒介昆虫为豌豆蚜、豆蚜、桃蚜等。汁液摩擦可以传毒。种子不带毒，土壤也不带毒传病。

(3)黄瓜花叶病毒 危害多种豆科植物，传毒昆虫媒介为多种蚜虫。

(4)豇豆花叶病毒 侵染菜豆、豇豆、豌豆等。传毒昆虫为桃蚜、棉蚜等。汁液摩擦可以传毒，种子带毒率高达17%。

本病的初侵染源，主要是越冬的寄主植物和带毒的种子，在田间主要由蚜虫传染。蚜虫在病株上吸食1～5分钟就可带毒，如果转移到健株上吸食，一般1～5分钟就可传病。蚜虫连续转移到健株吸食，大约20分钟后把所带的病毒全部清除而失去继续传毒的能力。本病的发生流行程度主要取决于传病媒介蚜虫的发生数量和迁飞情况。雨少干旱季节，蚜虫发生较多，病毒发生也严重；气温的高低直接影响症状的表现。高温(26℃)下，症状多呈重花叶、矮化及卷叶；在18℃左右时，只呈轻型花叶，超过28℃或低于18℃，症状表现受到抑制。光照强或延长光照时间，有加强症状的趋势。豆类栽培邻近的地块有发病的寄主植物、土壤物理性状不良、营养缺乏、植株生长衰弱时，发病重。同时品种之间的抗病性有很大差异。一般蔓生种发病较重，矮生种发病较轻。

3. 防治方法 选用抗病品种，选留无病毒种子，建立无病毒留种田；加强肥水管理；注意防治蚜虫。

(六)炭疽病

炭疽病是豆类蔬菜的重要病害之一。在我国各地均有发生，其中以温凉多雨地区危害最为严重，影响产量和品质。豆类蔬菜在运输和贮藏期仍能发生危害。本病主要危害菜豆、豇豆、扁豆、绿豆、豌豆等。

1. 危害症状 从幼苗期至收获期，本病都可以发生。除根部外，地上部分均能受害。幼苗被害，子叶上部产生红褐色至黑色圆形病斑、凹陷呈溃疡状；叶片被害，多发生在叶背的叶脉上，沿叶脉扩展成三角形或多角形的小条斑，先为红褐色，后变黑色至黑褐色，畸形，萎缩后枯死；叶柄和茎被害，形成条形锈色斑、凹陷和龟裂，严重时幼苗折断死亡；叶柄受害后常造成全叶萎蔫。在成熟的豆荚上产生褐色小点，扩大后病斑直径可达1厘米左右。长圆形至近圆形，中心黑褐色至黑色，边缘淡褐色至粉红色。多个病斑常可融合而成大斑。豆荚成熟后病斑色泽较淡，边缘常隆起，中心凹陷以至穿过豆荚而扩展至种子上。种子受害，病斑呈不规则黑褐色或黄褐色，稍凹陷，易腐烂。天气潮湿时，病斑上特别是茎和荚的病斑上常产生大量粉红色黏稠状物（分生孢子）。

2. 病原菌及发生规律 本病是由半知菌亚门刺盘孢子属真菌豆刺盘菌侵染所致。病菌主要以休眠菌丝在种皮下的病残体上越冬，成为翌年初侵染源。带病种子播种后可直接危害子叶及嫩茎，引起初次侵染；然后又在病部表面产生分生孢子，借风雨、昆虫传播，从寄主的表皮和伤口侵入，进行再侵染。病害的潜育期为4～7天，叶片被害后先从叶脉侵入；危害荚时，可穿过荚壳进入种皮；侵入豆荚后在调运或贮存过程中病害还可以继续发展。

3. 防治方法 主要从农业综合防治措施及药剂防治入手。

（1）农业防治 选用无病种子并对种子消毒；菜豆地实行2年以上的轮作；清洁田园，深翻土地，施足有机肥，增施磷、钾肥，挖沟排水，合理密植。

（2）药剂防治 发病初期即开始喷药预防。苗期喷2次，结荚期1～2次，每次相隔5～7天。常用药剂有波尔多液（1∶1∶240），或65%代森锰锌可湿性粉剂500倍液，或50%甲基托布津可湿性粉剂1 000倍液，或50%多菌灵可湿性粉剂600倍液，或75%百菌清可湿性粉剂600倍液，或农抗120的200倍液（即100单位）。

（七）根腐病

菜豆、豇豆根腐病在各地菜区普遍发生，尤以连作地和低洼地危害最重，感病植株可成片死亡，造成重大损失。

1. 危害症状 病害一般在菜豆生长5～6周后即开始发生。早期症状不明显，植株较矮小。到开花结荚后症状才逐渐显现，病株下部叶片发黄，从叶片边缘开始枯萎，但不脱落。拔出病株，可见主根上部和茎的地下部分变成黑褐色，病部稍下陷，有时开裂和深入到皮层内。剖视茎部，可见维管束变褐。病株侧根很少或侧根腐烂死亡，当主根全部腐烂时，病株即枯萎死亡。在潮湿的环境下，常在病株茎基部上产生粉红色的霉状物。

2. 病原菌及发生规律　由菜豆腐皮镰胞菌侵染所致。病原菌可在病残体、厩肥及土壤中存活多年，土壤中的病残体是翌年主要的初侵染源。种子不带菌。传播媒介主要是带病的肥料、工具、雨水等。初次侵染后病菌在病部产生分生孢子，再由雨水反溅传播蔓延进行再侵染，从伤口处侵入危害。

3. 防治方法　主要从加强田间管理和药剂防治入手。

(1)实行轮作，避免连茬　可与白菜、葱、蒜类等蔬菜进行2年以上的轮作。

(2)加强田间管理　发现病株立即拔出，并在病穴及四周撒消石灰。采用高畦或深沟栽培，防止大水漫灌，雨季注意排除积水，防止植株根系浸泡在水中。

(3)药剂防治　发病初期可选用70%甲基托布津可湿性粉剂800～1 000倍液，喷植株茎基部，每隔7～10天喷1次；也可使用75%百菌清可湿性粉剂600倍液或70%敌磺钠可湿性粉剂1 500倍液，连喷2～3次，有一定的防治效果。此外，定植后可用70%甲基托布津可湿性粉剂或50%多菌灵可湿性粉剂拌制药土，撒在穴中，配制的比例是1份药粉与50份干细土，拌匀使用，每公顷用量15～18.78千克。

(八)煤霉病

煤霉病是叶斑病类中较为严重的一种叶片病害。得病后叶片干枯早脱，直接影响结荚，减少采收次数，常造成产量上很大的损失。本病只发生在豇豆上。

1. 危害症状　仅发生在叶片上，最初在叶的两面生成紫褐色斑点，以后扩大为直径1～2厘米的近圆形褐色斑，边缘不明显。病斑表面密生煤烟状霉(尤以叶片背面显著)。病势严重时，叶片早期枯死脱落,仅残留顶端嫩叶。

2. 病原菌及发生规律 本病由豇豆尾孢菌侵染所致。分生孢子梗从气孔抽生,丛生;分生孢子鞭状,下部稍粗大,上部尖小,淡青褐色,有 3~17 个分隔,着生在分生孢子梗的顶端。病菌发育温度 7℃~35℃,最适温度 30℃。

3. 侵染循环及发病条件 病菌以菌丝块在病叶组织上或在地上越冬。翌年环境条件适宜时,在菌丝块上产生分生孢子,通过气流传播进行侵染。豇豆在生长期间,病斑又产生分生孢子,通过风雨进行再侵染。南部温暖地区,周年都种豇豆的无明显越冬现象。

高温及高湿有利于发病,连作地较轮作地发病重。春播豇豆一般较晚播豇豆病重,其中尤以春播较晚的豇豆发病更重。

4. 防治方法 主要从加强田间管理与药剂防治入手。①收获后将病残体集中烧毁。②合理施肥,特别是增施钾肥,可提高植株抗病力。③发病初期及时喷药防治。常用的杀菌剂有波尔多液(0.5:0.5:100),50%甲基托布津可湿性粉剂或 50%多菌灵可湿性粉剂 1 000 倍液,65%代森锌可湿性粉剂 500~600 倍液。每隔 10 天左右喷 1 次,连续喷 2~3 次,可达到防治效果。

(九)其他豆科蔬菜病害

1. 菜豆菌核病 近地面茎基部和蔓局部受害,病部初呈水渍状、后呈灰白色,皮层组织崩溃仅残存纤维,多湿时在病茎中腔或外部生黑色鼠类状菌核。由子囊菌亚门核盘菌侵染引起。还可危害豌豆。防治可采取合理轮作、清洁田园、种子消毒、铺盖地膜等方法,还可喷 40%菌核净可湿性粉剂 1 000~1 500 倍液,重点喷老叶与花,隔 10~15 天喷 1 次,连喷 2~3 次。

2. 豇豆轮纹病 叶面初生深紫色小斑点,后变为圆形的呈赤褐色的鲜明轮纹。茎部产生深褐色不规整的条斑,延及茎四周后引起上端枯死。荚上生赤紫色斑点，扩大后呈褐色轮纹斑。本病由半知菌亚门尾孢（霉）菌属真菌侵染引起。防治方法参见豇豆煤霉病。

3. 豇豆白粉病　危害叶、茎、荚。病部生白色粉状霉斑，扩大遍及全叶面，后期病斑上散生黑色小斑点。由子囊菌亚门蓼白粉菌侵染引起。以闭囊壳越冬，温暖地区以菌丝体及分生孢子越冬。防治方法：选用抗病品种；药剂喷 0.3 波美度石硫合剂，或 50%代森锌可湿性粉剂 1 000 倍液，或 45%灭菌丹可湿性粉剂 600 ~ 800 倍液。

4. 豌豆褐斑病　叶上病斑圆形，淡褐色至黑褐色，边缘明显；茎上斑椭圆形或纺锤形，后期下陷；在荚果上病斑圆形，后期下陷。茎、荚上病斑均为深褐色至黑褐色，病斑上均有小黑点。由半知菌亚门豌豆壳二孢菌侵染引起，以菌丝体和分生孢子器在种子和病残体上越冬。防治方法：选用抗病品种和播种无病种子，实施轮作；药剂可施 75%甲基托布津可湿性粉剂 1 000 倍液，或 75%百菌清可湿性粉剂 500 ~ 800 倍液。

5. 豌豆黑斑病　主要危害近地面的茎，病部变褐，然后枯死。叶上生淡褐色或紫黑色轮斑，荚上生疮痂状病斑。由子囊菌亚门豌豆球腔菌侵染引起，以菌丝体或孢子在种子上越冬，也能在病部或在地表越冬。防治方法参见褐斑病。

6. 蚕豆立枯病　又称丝核菌茎腐病。蚕豆各生育阶段均可发病，主要侵染蚕豆茎基或地下部。茎基染病多在茎的一侧或环茎出现黑色病变，致茎变黑，有时病斑向上扩展达十几厘米，干燥时病部凹陷，几周后病株枯死。地下部染病呈灰绿色至绿褐色，主茎略萎蔫，后下部叶片变黑，上部叶片仅叶尖或叶缘变色，后整株枯死。防治方法：一是轮作；二是适时播种，避免晚播；三是用药剂防治，药剂用 75%百菌清可湿性粉剂 600 ~ 700 倍液，每隔 7 天 1 次，防治 1 ~ 2 次。

7. 蚕豆赤斑病 叶、茎、花受害。叶片初生赤色小点，后逐渐扩大为圆形或椭圆形斑，中央赤褐色、略凹陷，周缘深褐色、稍隆起，交界处明显，病斑布于叶两面。茎或叶柄染病开始也出现赤色小点，后扩展为边缘深赤褐色条斑，表皮破裂后形成裂痕。花染病遍生棕褐色小点，扩展后花冠变褐枯萎。农业防治措施与立枯病的防治相同；药剂防治在发病初期喷 50% 速克灵可湿性粉剂 1 500～2 000 倍液，隔 10 天左右喷 1 次。

8. 扁豆红斑病 叶片上的病斑近圆形至不规则形，有时沿叶脉发展。病斑大小 2～9 毫米，红色至褐红色。背面密生灰色霉层，有时叶面也有。严重时侵染豆荚，在荚上形成比较大的红褐色斑，斑中心黑褐色，后密生灰黑色霉层，影响食用。防治方法参见蚕豆立枯病。

9. 毛豆灰斑病 叶斑红褐色、圆形，一片叶上可产生几个或数十个病斑，后病斑中部变为灰白色，边缘仍保持红褐色。叶背生灰色霉层。茎染病，病斑椭圆形，中央褐色，边缘红褐色，密布细黑点。荚上病斑圆形或椭圆形，中央灰色，边缘红褐色。采用农业综合防治措施，药剂防治同褐斑病。

10. 毛豆霜霉病 危害叶、荚及种子。叶片染病，初在叶面显不规则的失绿小斑点，逐渐变为灰褐色。湿度大时，叶背面长出灰色霉层。严重时叶片干枯脱落，整株枯死。豆荚染病，仅荚内种子表面产生灰白色霉层，荚外症状不明显。采用农业综合防治措施，药剂拌种。发病初期喷 80% 三乙膦酸铝可湿性粉剂 500 倍液，或 1:1:200 的波尔多液，防治 1～2 次。

二、主要虫害及防治

豆类蔬菜常发生的害虫主要有：地下害虫（如蛴螬、蝼蛄、金针虫、地老虎），钻蛀害虫（如大豆食心虫、豆荚螟、豇豆荚螟、各种豆象），食叶害虫（包括多种鳞翅目、鞘翅目及直翅目等害虫，如银纹夜蛾、苜蓿夜蛾、白条芫菁等），刺吸害虫（苜蓿蚜、豌豆蚜、大豆蚜、棉红蜘蛛等），潜叶害虫（如豌豆潜叶蝇），共五大类。它们分布比较广泛，一般在少雨干旱的年份和季节里发生严重。

（一）豆荚螟

豆荚螟又称刺槐荚螟、豆叶卷螟、大豆螟蛾等。属鳞翅目螟蛾科。分布很广，国内大多数省份均有发生，是豆科蔬菜的一种重要害虫。

1. 为害症状　豆荚螟主要以幼虫为害果荚和种子。幼虫蛀入荚内食取豆粒，豆粒可全部被吃掉或被咬伤，丧失发芽能力。荚内和蛀孔外堆积排泄的粪粒。受害的豆荚味苦，不能食用。

2. 发生规律　不同地区豆荚螟发生代数不同，华中 1 年 4～5 代，华南 6～7 代。以老熟幼虫在土中的丝茧内越冬，入土深度为 5～6 厘米；成虫昼伏夜出，有弱趋光性。飞行能力不强，但飞行速度快。卵散生于嫩荚、花蕾、叶柄上。初孵化幼虫先在豆荚上爬行，后吐丝做一白色丝囊，躲在囊内，再咬破囊蛀入荚内取食种子。在食料不足时，幼虫有转荚为害习性。一般先在植株上部豆荚为害，以后为害下部豆荚。老熟幼虫脱落入土做茧化蛹，少数幼虫吐丝缀荚做茧化蛹。

豆荚螟发育起点温度：卵 13.9℃，幼虫 15℃。各地温度不同发生代数不同。随着温度增高，各世代虫态历期缩短，即发生代数增加（表 6）。在适宜的温度条件下，湿度大发生轻，旱年发生严重。

表 6　豆荚螟发生地区年平均温度与发生代数关系

地　区	广东	广西	江西	湖南	湖北	浙江	江苏	安徽
年平均温度（℃）	28.1	20.4	17.3	17.1	16.7	16.3	16.2	16.1
发生代数	7～8		4～5					

3. 防治方法

(1)农业防治　实行轮作,与非豆科蔬菜轮作1~2年。冬、春浇水10天以上,花期、结荚期浇水1~2次可减轻为害;适当调整播种期,使结荚期与成虫产卵盛期错开,减少豆荚受害;及时采收种子。

(2)药剂防治　在成虫盛发期和卵孵化盛期前喷药于豆荚上,喷药次数视情况可喷1~3次,每次相隔5~7天。可选喷90%晶体敌百虫700~1 000倍液,或50%杀螟硫磷乳油1 000倍液,或2.5%溴氰菊酯乳油2 500~3 000倍液,或20%杀灭菊酯乳油3 000~4 000倍液。每公顷施药液1 125升。

(二)豇豆荚螟

豇豆荚螟又称豆野螟。属鳞翅目,螟蛾科,是豆科蔬菜的重要害虫。

1. 为害症状　主要以幼虫食果荚和种子。蛀食早期果荚造成落荚,蛀食后期果荚和种子被食,蛀孔堆有腐烂状的绿色粪便。此外,幼虫还能为害叶片、叶柄、嫩茎及花蕾。为害叶片时,吐丝缀卷几张叶片,在内蚕食叶肉;为害叶柄或嫩茎时,常蛀破叶柄或嫩茎一侧,引起枯萎;为害花蕾时,造成落花、落蕾,对产量和品质的影响很大。

2. 发生规律　豇豆荚螟在国内1年发生4~6代,其中福建、广西等地6~7代。以老熟幼虫或蛹在土表或浅土层内越冬,在广州无明显越冬现象。成虫昼伏夜出,有趋光性,只能飞翔3~5米。卵散生于嫩荚、花蕾、叶柄上,初孵化幼虫蛀入嫩荚,或蛀入花蕾取食花药和幼嫩子房,被害花蕾和嫩荚不久脱落;3龄后的幼虫大多数蛀入果荚内食取豆粒,蛀入处多在两荚碰接处或荚与花瓣、叶片及茎秆贴靠处;幼虫老熟后常在叶背主脉两侧吐丝做茧化蛹,也有极少数在果荚中化蛹。

3. 防治方法

(1)农业防治　实行轮作，与非豆科蔬菜轮作1～2年。定时清除田间落花、落荚，摘除被害的卷叶和果荚，消灭幼虫。利用成虫的趋光性进行灯光诱杀。

(2)药剂防治　从植株现蕾开始，在幼虫卷叶前喷药效果较好。如果幼虫卷叶后或蛀入荚内才喷药防治，效果较差。药剂的种类和剂量可参照豆荚螟的药剂防治。喷药以上午9时前效果最好。

(三)蚜　虫

为害菜豆的蚜虫种类很多，除苜蓿蚜外还有菜蚜、桃蚜、大豆蚜、豌豆蚜、瓜蚜等多种，都属同翅目，蚜科。具有刺吸式口器吸取植株的汁液，同时还传播病毒病，造成较大的为害。各种蚜虫的形态特征和为害基本相似。在这里以苜蓿蚜为例加以说明。

1. 为害症状　苜蓿蚜又称花生蚜。多聚集在新叶、嫩茎、花序等处为害，以刺吸式口器吸取汁液。受害植株生长矮小，顶端处节间缩短，叶片卷缩，使结荚率降低，每荚豆粒数和种子百粒重显著减少，严重时可使全株死亡。

2. 发生规律　苜蓿蚜1年发生20余代。在南方各省，能在豌豆、蚕豆等豆科作物或十字花科等多种寄主上继续繁殖为害，不存在越冬问题。为害初期呈点片发生，接着发生大量有翅蚜，在田间迁飞扩散，普遍为害。苜蓿蚜繁殖很快，气候条件适宜时，一般在4～7天就能完成1代。15℃～23℃是苜蓿蚜活动的最适温度，它耐低温的能力强，在适宜气温下、空气相对湿度在60%～70%时利于繁殖和为害。高于80%或低于50%有明显的抑制作用。蚜虫能否大发生，取决于4～6月份的雨量和空气湿度。

3. 防治方法　防治苜蓿蚜主要采用药剂防治。要准确掌握虫情，做好预测预报工作，力争把蚜虫消灭在点片发生阶段。蚜虫由点片发生扩大蔓延到全天普遍发生为害时期是防治的关键时期。

药剂防治可选用10%吡虫啉可湿性粉剂2000倍液，或21%增效氰·马乳油6000倍液。

(四)地老虎

地老虎属于地下害虫类。在我国为害较严重的地老虎有小地老虎和黄地老虎，属鳞翅目，夜蛾科。小地老虎发生普遍，全国各地都有为害。黄地老虎主要在东北地区发生为害。下面以小地老虎为例加以说明。

1. 为害症状 小地老虎主要以幼虫为害豆类的幼苗，尤其是在早春栽培进行育苗时，苗床内发生更为严重。为害时，切断幼苗近地面的茎部，使整株残废，造成缺苗断垄。严重的甚至毁种。小地老虎一般以春季为害最重，但有的地方秋季亦能受害。

2. 发生规律 小地老虎在全国各地每年可发生2～7代不等，长江流域为4～5代，长江以南为6～7代。在南方，北纬33°以南到南岭以北的地区，以老熟幼虫或蛹越冬；南岭以南可终年繁殖。

成虫白天隐蔽，夜间活动，对光及糖、醋、酒等物质趋性较强。幼虫共5龄，3龄以前在叶背或心叶里昼夜取食而不入土，但由于食量小危害不大；3龄以后，白天潜伏在2～3厘米的表土中，夜间活动，并大量迁入农田垄间，咬断幼苗，并将断苗拖入穴中。老熟幼虫有假死习性，受惊后缩成环形。小地老虎喜温暖、潮湿的环境，月平均气温在13.2℃～24.8℃，多雨湿润的地区发生量大。若田间管理粗放，杂草多，定植前与3龄以上的幼虫发生期吻合，受害重。

3. 防治方法 主要从农业防治、诱杀成虫和幼虫以及药剂防治等方面入手。

(1)农业防治　早春铲除地头、田间的杂草，消灭部分卵或幼虫。春耕多耙，消灭土面上的卵粒；秋季土壤翻耕晒垡，暴晒2～3天，可杀死大量幼虫和蛹；秋耕冬灌，破坏越冬场所，减少越冬虫的基数。

(2)诱杀成虫和幼虫　利用糖蜜诱杀器(盆)或黑光灯诱杀成虫，或利用泡桐树叶诱集地老虎，将比较老的泡桐树叶用水浸湿，每公顷均匀放置1 050～1 200片叶，翌日晨人工捕捉幼虫。

(3)药剂防治　地老虎1～3龄幼虫期抗药性差，且暴露在寄主植物或地面上，是药剂防治的适期。药剂用90%晶体敌百虫1 000倍液，或2.5%溴氰菊酯乳油3 000倍液，或21%菊·马乳油3 000倍液。

(五)蝼　蛄

发生在我国南方的蝼蛄主要是东方蝼蛄。属直翅目，蝼蛄科。

1. 为害症状　蝼蛄的成虫和若虫在土中咬食刚刚播下的种子及幼芽，或将幼苗咬断，使幼苗枯死，受害的根部呈乱麻状。蝼蛄活动时还将表土串成许多隧道，使苗土分离，失水干枯而死，造成缺苗断垄。早春作早熟栽培或育苗时，由于保护设施内气温高，蝼蛄活动早，加之幼苗集中，为害更重。

2. 发生规律　东方蝼蛄在江西、江苏、四川等地1年发生1代，以成虫或若虫在地下越冬。3月下旬至4月上旬随温度升高，蝼蛄逐渐苏醒，开始活动，昼伏夜出，以夜间9～11时活动最盛，特别是在气温高、湿度大、闷热的夜间大量出土活动。蝼蛄均有趋光性，对香甜物质如半煮熟的谷子、麦麸及马粪等有机肥都有强烈的趋性。

3. 防治方法　主要从药剂防治、灯光诱杀、人工灭虫等方面入手。

(1)药剂防治　主要采用毒饵诱杀，可选用以下方法。

①毒谷：90%晶体敌百虫0.15千克配成30倍液，拌秕谷制成。先将秕谷煮半熟，凉后拌药，每公顷投放毒谷22.5～37.5千克。温室苗床发生蝼蛄时，可将毒谷撒在蝼蛄活动的隧道处。

②毒饵：90%晶体敌百虫0.15千克配成30倍液，拌炒香麦麸或豆饼(或棉籽饼)5千克，制成毒饵，每隔3～4米刨一个碗大的坑，放一撮毒饵后覆土，每公顷施毒饵22.5～30千克，在无风闷热的傍晚施用效果更好。

(2)灯光诱杀　利用蝼蛄趋光性强的习性，设置黑光灯诱杀成虫。

(3)人工挖窝灭虫(卵)　早春根据蝼蛄在地表造成虚土堆的特点，查找虫窝，挖到45厘米深即可找到蝼蛄。夏季蝼蛄盛发地蝼蛄产卵盛期查卵室，先铲去表土，发现洞口，往下挖10～13厘米可找到卵，再往下挖8厘米左右可挖到雌虫，将雌虫和卵一并消灭。

(六)其他害虫

1. 白条芫菁　属鞘翅目，芫菁科。是豆芫菁中分布广而为害重的一种。为害豆类时，主要为害豆叶及花瓣，将豆叶吃成缺刻或仅剩网状叶脉，致使豆株不能结实。

防治方法：冬季深翻土地，使越冬的伪蛹暴露在土面冻死或被天敌吃掉，减少翌年虫源发生基数。成虫发生期可用90%晶体敌百虫1000倍液，或2.5%敌百虫粉防治。

2. 豆象　属鞘翅目，豆象科。南方发生非常严重。寄主不一。蚕豆象为害蚕豆，豌豆象为害豌豆和扁豆，绿豆象为害绝大部分豆类作物。它以幼虫蛀食籽粒，将豆蛀成空洞，对产量和质量影响甚大。

防治方法：开花期喷90%晶体敌百虫800～1000倍液，每隔6～7天1次，连喷2～3次。开水烫种，收豆粒后10天内需晒干，装在筐里浸在开水里 20～25 秒,或用 75℃热水烫种 5 分钟,到时迅速放入冷水中,使豆粒冷却后捞出晒干,可杀死豆粒内的幼虫。

3. 豌豆潜叶蝇　属双翅目,潜蝇科。以幼虫蛀入寄主植物的叶片内部,为害叶肉,被害处仅剩下上下表皮,内有细小黑色虫粪。在被害的叶片上可见迂回曲折的灰白色蛇形隧道。幼虫也能潜食嫩荚和花梗,造成嫩荚不饱满,降低产量。

防治方法:①消灭虫源,及时清除田间杂草、老叶和脚叶,收获后及时处理残株;②药剂防治,适期是初见为害状时,此时正值成虫大量活动期,幼虫处于初龄阶段,易发挥药效。药剂可选用 90%晶体敌百虫 1 000 倍液,或 2.5%溴氰菊酯乳油 2 000 倍液,或 40%菊·马乳油 2 000～3 000 倍液。每隔 7～10 天喷 1 次,共防治 2～3 次。

三、主要草害及防治

豆类蔬菜中危害性杂草主要有菟丝子和列当,主要寄生在植株体内吸收养分和水分,直接影响植株的正常生长,造成植株整叶枯萎而减产。

(一)菟丝子

菟丝子属于菟丝子科,菟丝子属。危害面积最大的有中国菟丝子和苜蓿菟丝子,主要寄生缠绕在植株的茎部危害。其种子与植物种子同时成熟,在种子、土壤和粪肥中越冬,翌年侵染。

综合防治:合理轮作;与禾本科作物轮作,减少和消灭菟丝子种源;秋翻冬灌;保证豆类种子的净度,要勤换种和检疫;对菟丝子危害严重的地块,播种前 10～20 天可用选择性药剂按产品说明进行土壤处理;点片发生的地块,可用克无踪灭生性除草剂定向防治,每 667 平方米用量为 200～250 毫升。

(二)列　当

列当是我国主要的检疫杂草之一,寄生在植物根部吸收养分和水分。

综合防治:严格进行种子检疫;选用抗病、早熟、高产品种;与非寄主植物轮作,以减轻或消灭列当的危害;发现列当植株后及时拔出;在列当切除的插口上,滴煤油或尿素液,几日后腐烂死亡;在列当切除插口上,滴硫酸液,致使根部腐烂坏死,但使用时一定要小心谨慎,切忌对人体误伤。

思 考 题

1. 简述豆类蔬菜的主要病害及其危害症状和防治方法。

2. 论述豆类蔬菜的主要虫害及其形态特征、发生规律和防治方法。

3. 危害豆类蔬菜的杂草有哪些?简述其防治方法。

第十三章　豆类蔬菜的采收和采后处理技术

一、采收时期与采收方法

豆类蔬菜主要以嫩荚为产品，而且是陆续开花结荚与陆续采收的，对采收成熟度的掌握非常重要。采收过早，嫩荚小而脆，但风味不佳，而且产量降低；采收过晚，失掉了脆嫩和风味，种子发育消耗营养物质较多，使以后的花与嫩荚营养不足，引起落花落荚，甚至早衰。所以一定要适时采收，既保证良好的商品价值，又可调整植株生长势，提高开花结荚率，延长结荚期，达到增产增收。

采收时期要根据食用方法、食用部位以及采收后的用途等来确定。以嫩荚炒食的适宜采收期是嫩荚体积长到最大限度，荚壁肉质肥嫩，两侧缝线粗纤维少，荚面豆粒处刚刚显露；以嫩荚进行脱水或罐头加工的，由于产品规格的要求，应早采收 4～5 天；以嫩粒种子供食用的，则应在荚内种子发育完成后再采收，一般要晚 10～20 天。

不同的豆类蔬菜要根据具体情况进行采收。符合产品标准的豆类蔬菜，外观条形较直、粗细均匀、大小一致、无机械伤、无锈斑、无病虫害、无腐烂、无断条、无杂质。菜豆的品质标准(表 7)引自中华人民共和国行业标准 SB/T 10025—1992。

表 7 菜豆品质规格

等级	品 质	限 度
一等	同一品种,形状良好,色泽正常,新鲜清洁,脆嫩无筋,整齐度高;无腐烂、异味、萎蔫、杂质、冷害、病虫害、机械伤	一等:不符合该品质要求的不合格品的重量不超过 5%,其中烂荚不得超过 0.5%
二等	同一品种,形状较好,色泽正常,新鲜清洁,脆嫩少筋,整齐度高;无腐烂、异味、萎蔫、杂质、冷害、病虫害、机械伤	二等、三等:不符合该品质要求的不合格品的重量不得超过 10%,其中烂荚不超过 1%
三等	相似品种,形状尚好,色泽较正常,较新鲜清洁,较嫩、有筋,整齐度尚可;无腐烂、异味、萎蔫、杂质、冷害、病虫害,允许有轻微的伤斑、污点、锈斑	

(一)甜 脆 豆

1. 适宜采收时期 采收嫩豆粒以及制作罐藏豆粒的,须在豆粒肥大饱满、荚色由深绿变淡绿、荚面露出网状纤维而种皮尚未变硬时采收。采收过早,品质较佳,但产量低;采收过迟,豆粒中的糖分含量下降,淀粉含量增加,甜味降低。一般在开花后 12 ~ 14 天采收。

2. 采收方法 甜脆豆的豆荚成熟不一致,尤其蔓生种更为明显,故采收必须根据田间长势分次分批采收。一般矮生品种可分为 2 次采收,半蔓生品种分 2 ~ 3 次采收,蔓生品种可分 3 ~ 4 次采收。采收时切忌折断蔓茎、碰落花朵,田间采收操作要细致,不要漏收错收。为保证植株采摘时不受损伤,可用小剪刀采摘。

(二)菜 豆

菜豆豆荚的食用成熟度,可根据豆荚的发育状态、主要化学成分的变化及荚壁的粗硬程度来判断。菜豆在其果实发育过程中，豆荚长到一定程度后种子才充实起来。一般情况下，开花后 5～10 天豆荚便明显伸长，10～15 天便可采收嫩荚；气温较低时，采收嫩荚可在开花后 15～20 天进行，气温高则开花后约 10 天就可采收。外形上一般当豆荚由扁变圆，颜色由绿转为淡绿、外表有光泽、种子略为显露或尚未显露时即应采收。如采收过迟，纤维增加，荚壁逐渐粗硬，品质变劣。温度越高，干旱使营养不足，这种变化愈快，因此必须及时采收。

矮生菜豆从播种至初收，春播 50～60 天，可连续采收 15～20 天，每 667 平方米产嫩荚 500 千克左右，高的可达 1 000 千克。蔓生菜豆春播，生育前期受低温影响，生长较慢，自播种至初收 60～90 天，播种越早，生长越慢，可连续采收嫩荚 30～45 天或更长，每 667 平方米产嫩荚 1 000～1 500 千克，高的达 2 000 千克以上；秋播播种至初收 40～50 天，采收期 30～45 天或更长。

脱水和罐藏用的菜豆，产品规格要求严格，在花谢后 5～6 天采收。粒用种在花后 20～30 天完成种子的发育后采收。豆荚的化学变化主要是由淀粉转化为糖，而种子的成熟过程是由糖转化为淀粉，以及由非蛋白质的氮素合成为蛋白质，水分也渐渐减少，此种转化在采收以后及贮藏期间仍在继续进行。此外，豆荚中的纤维除缝线外的维管束外，还存在于果皮的内层组织中。它最初为一层细胞所组成的薄壁组织，其后细胞的层数增加、纤维增多，使荚壁变得粗硬。所以供食用的嫩荚，宜在豆荚已基本长大、荚壁未硬化时采收。

（三）豇　豆

豇豆为总状花序，每个花序有 2～5 对花，通常只结 1 对荚。植株生长良好、营养水平高时，每个花序可结 2～3 对荚，所以采收时，一定要仔细，严防损伤花序上的其他花蕾，更不能连花序柄一起摘下，要保护好花序，使其继续开花结荚。当豇豆荚条粗细均匀且已发育饱满、荚面豆粒处刚刚显露时为采收时期。适期采收的荚果充实、脆嫩，质量佳。第一个荚果宜早采收，如采收过晚，荚肉变松、鲜荚色变白，炒食风味降低，价格下降，同时影响下茬嫩荚生长。一般盛果期应每天采收1次，后期可隔天采收1次。

（四）四 棱 豆

四棱豆的茎叶、嫩荚、块根、种子均可食用。

1. 采收茎叶 幼叶比老叶蛋白质含量高、营养丰富、纤维少，可消化性较好。枝叶生长过旺时，可采摘枝条最顶端约20厘米3节上最嫩茎叶作为蔬菜。尤其生长中期以后枝尖嫩绿、光滑，幼叶未展，其上着生一串花蕾，这时采摘用以做汤、凉拌或配菜甚佳。

2. 采收嫩荚 嫩豆荚要及时采收，一般在开花后15～20天豆荚色绿柔软时为最佳采收期，采收宜嫩不宜老。如采收过迟，纤维增加，品质变劣，不能食用。露地栽培管理较粗放的嫩荚每667平方米产量800～1000千克，高产的可达2000～2500千克。

3. 采收干豆或种子 种子一般在花后45天成熟，豆荚变褐色并基本干枯时可采收作种。种荚以结荚中期的荚果最好，荚大粒大、百粒重大、荚形好。荚果成熟时易开裂，要及时采收。采收的种子经过一系列挑选后留待翌年播种。平均每667平方米产干豆粒150千克。

4. 采收块根和藤蔓 短日照和较低的土壤温度有利于块根生长，植株落叶前后收获块根。冬季温暖、土壤不结冻的地区，一般当年不收块根，留老藤越冬，翌年生长旺盛，开花结荚多，块根更大。每667平方米块根产量最高可达750千克。四棱豆在北方多为一年生，块根产量低，若要安全越冬，须在霜降前将块根挖出，栽于冬暖大棚中，翌年春再栽于大田。藤蔓干枯后收割晒干，与豆秸、荚壳一起粉碎，可作为饲料。

(五)多花菜豆

1. 嫩荚的采收　当多花菜豆嫩荚大小达到烹调要求和商品标准时采收。一般从播种后 80～90 天进行。采收时期以下午温度较低时为宜。采收后用纸箱盛装保鲜,清晨上市。多花菜豆的豆荚商品成熟期有先有后,由下而上成熟,故要分批多次采收,一般每隔 7～10 天采收 1 次。尤其下部荚要及早采收,以防消耗养分,影响高节位结荚。嫩荚采摘后应置冷凉处,及时食用和销售,以防霉烂。采收时不要伤及茎秆,以免影响植株生长。

2. 干荚的采收　多花菜豆春播或夏初播种,到 9 月下旬至 10 月上旬底部叶片开始凋落、下部豆荚开始变成黄褐色,此时应按照成熟先后分批开始采收老熟荚果。温带或热带高海拔地区,一年生多花菜豆的全生育期变化较大,一般矮生品种需 85～105 天,蔓生品种需 100～160 天。红花菜豆全生育期一般为 115～120 天。干豆荚采收期因地区和栽种季节而异。例如北京地区春播条件下需 170 天,夏播条件下需 150 天左右。以采收鲜老熟种子为目的的豆荚,宜在种子老熟饱满时采收,采收应分批分次进行。一般分 3～5 次完成,每次间隔 1 周。采收方法是连荚收获,带荚晒干,连荚一起贮藏,需用时集中脱粒,以保持豆粒的光泽。

(六)刀　豆

采收嫩荚作蔬菜时,一般在荚长 11～20 厘米、柔嫩多汁、荚果皮纤维化前采收。在长江以南,无霜期地区从 6 月份开始采收至 12 月底或更长时间;北方在 8 月上旬盛夏开始陆续采收,直至初霜降临。单荚鲜重可达 150～170 克,每 667 平方米可采嫩荚 500～750 千克。在冬季温暖的华南地区,刀豆可作多年生栽培。

(七)豌　豆

1. 豌豆尖的采收　以采收嫩梢为主的,苗高长至 10~20 厘米、顶部真叶刚展开时即可采收,采收时只采摘顶端嫩梢。每隔 7~10 天采收 1 次,共可采收 5~6 次。一次采收的,当幼苗具 2~3 片真叶、苗高 3~5 厘米时整株采收。

2. 嫩荚的采收　作鲜菜用的嫩荚,因生长季节及栽培方式的不同,从开花后至青豆荚采摘的天数差距很大。夏季栽培由于气温高,豆荚生长速度快,开花至采收只有 20 天;而在冬季栽培中,开花至采收要 30 多天。因此,要根据豆荚的用途、豆荚壮粒程度灵活掌握采收日期。一般应在开花后 8~12 天、嫩荚充分长大、种子尚未成熟发育或刚刚开始发育、荚壁微凸起、纤维少、品质好为采收适期,一般分 3~4 批采收。

3. 豆粒的采收　作青豆粒及制罐头用的豌豆的采收期,一般在开花后 14~18 天、豆荚仍为深绿色或开始变为浅绿色、豆荚已充分鼓起、豆粒已达 70%饱满、豆荚刚要开始转色时采收。采收过早,品质虽佳,但产量低;采收过迟,豆粒中的糖分下降,淀粉增多,风味变差。注意不同部分的豆荚生长发育过程不一致,应分期分批及时采收。采收过程中注意保护茎叶不受损伤,以免影响后面的豆荚生长发育。

(八)蚕　豆

采收鲜嫩荚,长江流域及以南地区一般在 4 月中旬至 6 月份。在开花后 25~30 天豆荚饱满肥大、籽粒软嫩呈深绿色、种脐尚未转黑前采收,采收时从下而上,每隔 7~8 天采收 1 次。6 月份收获老熟蚕豆。

采收用作速冻的青豆粒时,需在豆粒肥大饱满、颜色由深绿变浅绿、荚面露出网纹状纤维时采收。生产者应根据加工厂的要求适期采摘,精心分级挑选,以保证产品质量。

干籽粒采收应等植株充分成熟、茎叶部分枯黄、豆荚褐变、豆粒饱满时采收,并及时脱粒晒干。

(九)利马豆

1. 嫩豆粒的采收　利马豆主要采收鼓粒青荚,剥去荚皮食用嫩粒。在江苏省启东地区,4 月中下旬播种,7 月上中旬开始采摘青荚;大棚生长可提早到 6 月中旬上市,采收青荚可延续到 11 月上中旬初霜时。7 月下旬,一般当田间植株上果荚已充分肥大、青荚内籽粒充实饱满时,豆粒仍然相当柔软和脆嫩,果荚开始失绿变黄,此时开始分次采摘豆荚,剥出籽粒上市。过早采收剥壳困难。

2. 干豆粒的采收　利马豆种子全部变白老熟后淀粉含量增加,糖分降低。以采收干豆粒为目的生产时,必须待种子完全成熟时采收,品质最佳。利马豆种子成熟天数因地区、播期和品种而异。在福建,3 月初播种,7～9 月份进入开花结荚盛期,可延续到 11 月下旬或 12 月上旬下霜为止,生育期为 250 天以上。收干种子用的利马豆一定要等种子完全成熟、豆荚有 75% 以上变干、其余的荚也开始变黄时才可采收。对矮生直立型品种,待田间植株上 75% 的荚果变成黄褐色、其余荚开始转黄时即可收割。蔓生品种为无限结荚习性,需进行多次分批采收,成熟一批采收一批。

豆类蔬菜的茎蔓较细,采收时不可猛拉硬拽,一定要轻轻摘下或用剪刀剪下,以免伤害蔓叶、花芽、花序。每天采收的时间最好在下午或傍晚进行。同时,要防止漏采,因嫩荚达到采收成熟度以后生长速度较快,漏采的很快就会失去食用价值,而且还会影响上部的开花及嫩荚的生长。

二、清洁田园

田间清洁包括两个方面:一是豆类蔬菜生长期间把初发病的叶片、荚果或病株等及时摘除或拔去,以免病原物在田间扩大蔓延。这主要是指病原初次侵染的阶段,它具有减少病原物再次侵染的作用。二是豆类蔬菜采收后把遗留在地面上的病残体集中烧毁或深埋,因为许多豆类蔬菜的病原物是在病残体内越冬。例如危害菜豆的菜豆炭疽菌可以以菌丝体在病残体内越冬,翌年春产生分生孢子传播。豇豆轮纹病的病原豇豆尾孢菌以菌丝体和分生孢子梗在病部或随病残体遗落土中越冬或越夏。收获后把病原体集中处理,对减少下一个生长季节病原物的初侵染源有着重要的作用。

三、质量检测

蔬菜的商品质量包括蔬菜商品合格质量、蔬菜外观质量、蔬菜口感质量和蔬菜清洁质量。一般蔬菜在市场上销售,判断其质量是否合格的标准是:看蔬菜是否有明显病虫伤害和生理病害。以蔬菜体是否污染来确定。凡是产品上有病虫伤害、生理病害等症状的均视为不合格产品。

蔬菜的外观质量主要指蔬菜色泽、大小形状、整齐度及结构等可见的质量属性。因蔬菜品种多,商品用途不同,故消费者要求亦有差异。但也有共同的基本要求,如扁豆荚有红荚、绿荚、白荚、红镶边荚,荚有镰刀形、眉形、鱼形等形状。大小差异大,只要成熟时荚的大小符合原品种特征的质量就可以。

口感质量涉及到不同产地风味、质地多方面的因素,它不仅与成分(营养种类多少)有关,还与产品的新鲜程度、硬度、坚韧度、多汁性及粉度等有关。在处理时，不能通过品尝来判断其质量，只能通过眼、手、鼻等器官的感觉去确定。例如观察扁豆新鲜度时，用手折扁豆可判断其嫩脆程度或用手握扁豆了解其质地，此外还可嗅出扁豆的特殊气味等。

洁净质量包括两个方面：蔬菜的清洁程度和蔬菜净菜百分率。

四、整理和清洗

采收后把豆荚表面的泥土、豆荚间的杂质、畸形荚、残荚、病斑荚以及不合规格的豆荚去掉；以嫩籽粒食用的则把不饱满籽粒、虫蛀粒、病斑粒、杂质等去掉。

整理完以后再清洗干净。不同的蔬菜清洗方法不同。清洗后一定要晾干表面水分，再做其他处理。

五、分　级

蔬菜一般分为特级、一级和二级 3 个等级。主要按产品的健全度、大小、重量、颜色、形状、清洁度、新鲜度、整齐度及病虫害和机械损伤程度定出等级标准。特级蔬菜质量最佳，要求具有本品种典型的形状和色泽，而且还要风味良好、内部无缺陷、粗细长短一致。在包装内整齐排列，不合格产品不超过总量的 1%，无泥沙和杂物。一级蔬菜要求具有本品种典型的形状和色泽，风味良好，内部无缺陷，粗细、长短一致。在包装内排列整齐，不合格产品不超过 10%，基本无泥沙和其他杂物。二级蔬菜要求具有本品种典型的形状和色泽，风味良好。在包装内排列较整齐，有一定的内部和外部缺陷，不合格产品不超过总量的 10%，各种杂物不超过 5%。

一般来说，菜豆以未受冻、未热伤、不老、无斑点、无过水、无水锈、色正条匀为好；豇豆以色正条匀、肉厚籽小、色不黄、无虫咬为佳品；蚕豆以皮绿嫩、无黑皮、无黄皮、荚大、豆粒饱满鲜嫩为上品；豌豆以个大粒满、皮薄、无虫咬、无黄皮、无老豆为佳品；豌豆苗应不带泥土，不带黄叶、烂叶、油叶，不带烂根，新鲜不老，心叶不开放，苗高16～23厘米；扁豆则尚未形成统一的分级标准，基本要求是荚形周正。用于出口的，要求荚面无斑点、肉厚、无虫咬、无黄皮、新鲜、色正。表8、表9为豇豆和四季豆的分级标准。

表8　豇豆分级与包装标准

项　目	品　质　标　准
品质基本要求	新鲜洁净，无异常气味或滋味，不带不正常的外来水分，细心采摘，充分发育，具有适于市场或贮存要求的成熟度
特　级	具有品种固有的形状及色泽，豆荚均匀、幼嫩，无擦伤、无软化、无凋萎，无折断及病虫害、药害及其他伤害
一　级	豆荚正常，具有品种固有色泽，基本幼嫩，无擦伤、无软化、无凋萎、无折断及病虫害
二　级	同一品种，次于一级，但仍保持本品种果实的基本特征，仍有商品价值者

表9　四季豆分级标准

一级标准	二级标准	三级标准
着色均匀、青绿，无病斑、虫害。带果柄，长度15～20厘米	色泽青绿，果形稍有弯曲，允许一处疤点。带果柄，长度10～15厘米	允许有弯曲，允许有少量病斑、虫眼，其他要求达不到一、二级标准

六、包　装

合理的包装，使产品在运输途中保持良好的状态，减少因互相摩擦、碰撞、挤压而造成的机械损伤，减少病虫害蔓延和水分蒸发，避免果蔬散堆发热而引起腐烂变质、使果蔬在流通中保持良好的稳定性，提高商品率和卫生质量。包装分运输包装和商品包装。

（一）运输包装

从产地运输到市场、贮藏地或加工厂的过程中，好的包装可以减少损失。豆类蔬菜嫩荚体积较小，而且比番茄、黄瓜耐压。运输包装可以用竹筐、纸箱、塑料编织袋、塑料筐等。竹筐比较牢固，不怕湿，价格也比较便宜。装筐前应在筐内衬几层报纸或牛皮纸，以免筐壁磨损豆荚。纸箱可折叠，弹性好，可以缓冲运输途中受到的冲击力；同时便于机械装卸和印刷商标，但怕水、怕湿。塑料编织袋价格低廉，来源方便，又有较好的透气性，适于包装小型荚。塑料筐可用于包装菜豆、豇豆等不易漏出的豆荚。

（二）商品包装

包括外部大包装和商品小包装。大包装是为了保护里面的商品，便于运输、装卸的容器，一般采用纸箱、麻袋等。大包装要求坚固、耐压、美观大方，并能印刷商标。小包装是商品进入市场的包装材料，不仅要求有利于豆荚或豆粒保鲜，并且卫生无毒，而且要求外形和印刷精美，并尽可能让顾客看清豆荚或豆类的情况，一般采用无毒塑料制成。另外，包装时注意轻拿轻放，戴手套，尽量防止对产品造成新的机械损伤。

思考题

1. 确定豆类蔬菜的采收期需遵循哪些原则？
2. 列举几种主要豆类蔬菜的采收时期和采收方法。
3. 豆类蔬菜产品的质量标准是什么？
4. 田园清洁包括哪些内容？各有什么作用？

5. 豆类蔬菜采后处理技术包括哪些内容?

6. 豆类产品要成为商品需满足哪些质量标准?

7. 简述豆类蔬菜分级的标准,并举例说明。

8. 论述豆类蔬菜采后包装的意义和类型。

参考文献

〔1〕宋元林等．蔬菜优质四季栽培——菜豆荷兰豆．北京:科学技术文献出版社,2000.

〔2〕眭晓蕾,王长林．蔬菜优质四季栽培——菜豆豇豆．北京:科学技术文献出版社,2000.

〔3〕眭晓蕾,任华中．豆类蔬菜高产优质栽培技术．北京:中国林业出版社,2000.

〔4〕吴国兴．菜豆豇豆荷兰豆保护地栽培．北京:金盾出版社,2002.

〔5〕刁阳隆,赵锦根．豆类蔬菜栽培与病虫害防治技术．北京:中国农业出版社,2000.

〔6〕周黎丽,李丽．豆类精品蔬菜．南京:江苏科学技术出版社,2004.

〔7〕邱仲华,常涛,郭凤霞．8种豆类特菜栽培技术．北京:中国农业出版社,2003.

〔8〕李曙轩,杨惠安．蔬菜栽培学各论．北京:中国农业出版社,1984.

〔9〕夏世祥．特种豆类蔬菜高效栽培．合肥:安徽科学技术出版社,2004.

〔10〕龙明华,唐小付．四棱豆优质高产无公害栽培技术．长江蔬菜,2004(4):12.

〔11〕邹学校主编．中国蔬菜实用新技术大全(南方蔬菜卷).北京:北京科学技术出版社,2004.

〔12〕徐道东．豆类蔬菜栽培技术．上海:上海科学技术出版社,1999.

〔13〕吕家龙主编．蔬菜栽培学各论(南方本第三版)．北京：中国农业出版社,2001.

〔14〕田静．豇豆高产栽培技术．广西园艺,2003,(06).

〔15〕黄明海．无公害豇豆栽培技术．福建热作科技,2003,(03).

〔16〕黄裕新,施晓辉．利马豆高效栽培技术．长江蔬菜,2005,(02).

〔17〕徐瑞国,施红兵,龚凯,周超．利马豆早熟高产高效栽培技术．上海农业科技,2004,(02).

〔18〕郑美荣．贵州高山秋豇豆无公害栽培技术．贵州农业科学,2002,(S1).

〔19〕吴鹏,李广强．红花菜豆高产优质生产技术．农业科技通讯,2006,(11).

〔20〕冯奕玺．四棱豆的用途及栽培技术．广西热带农业,2002,(01).

〔21〕钱丽珠．第十二讲菜豆栽培技术(一)．上海蔬菜,1994,(01).

〔22〕许生国,王根宝,丁秀萍,吴扣兰,刘厚伯．大棚早春菜豆高产高效栽培技术．上海蔬菜,2006,(06).

〔23〕应芳卿,刘宗立．蔓生菜豆延秋栽培技术．安徽农学通报,2006,(07).

〔24〕张丽珍,耿庆利．菜豆几种病害的发生与防治．现代化农业,2007,(02).

〔25〕沈光华．蚕豆病害的综合防治措施．农技服务,2006,(02).

〔26〕潘继兰．大棚豇豆高产栽培技术．山东蔬菜,2006,(01).

〔27〕王玉堂．豇豆常见病害及其防治措施．科学种养,2007,(44).

〔28〕中华人民共和国种子法．法律出版社,2004.

〔29〕中华人民共和国农业法．法律出版社,2003.

〔30〕中华人民共和国农业技术推广法．法律出版社,2003.

〔31〕吴仁锋,司升云．豆类蔬菜害虫的识别与防治．当代蔬菜,2006,(06).

〔32〕邱黎明,郭建辉．豆类蔬菜质量安全生产关键技术规范．福建农业科技,2005,(05).

培　6.50元
苦瓜丝瓜无公害高效栽培　7.50元
甜瓜无公害高效栽培　8.50元
南瓜栽培新技术　6.00元
南瓜贮藏与加工技术　6.50元
西葫芦与佛手瓜高效益栽培技术　3.50元
苦瓜丝瓜佛手瓜保护地栽培　3.50元
西葫芦保护地栽培技术　5.00元
西葫芦保护地栽培　4.00元
西葫芦南瓜无公害高效栽培　8.00元
越瓜菜瓜栽培技术　4.00元
精品瓜优质高效栽培技术　7.50元
瓜类蔬菜周年生产技术　14.00元
瓜类蔬菜病虫害诊断与防治原色图谱　45.00元
瓜类蔬菜制种技术　5.00元
怎样提高茄子种植效益　8.00元
茄子保护地栽培　5.50元
茄子无公害高效栽培　9.50元
引进国外茄子新品种及栽培技术　6.50元
茄子病虫害及防治原色图册　13.00元
保护地茄子种植难题破解100法　8.50元
茄果类蔬菜园艺工培训教材(南方本)　10.00元
茄果类蔬菜良种引种指导　19.00元
茄果类蔬菜保护地嫁接栽培配套技术100题　7.50元
茄子标准化生产技术　9.50元
怎样提高番茄种植效益　6.00元
番茄无公害高效栽培　8.00元
番茄优质高产栽培法(第二次修订版)　6.00元
番茄实用栽培技术　3.00元
番茄保护地栽培　6.00元
西红柿优质高产新技术　5.00元
番茄病虫害防治新技术(修订版)　7.00元
番茄病虫害及防治原色图册　13.00元
樱桃番茄优质高产栽培技术　7.00元
棚室番茄高效栽培教材　4.00元
引进国外番茄新品种及栽培技术　7.00元
怎样提高辣椒种植效益　6.00元

以上图书由全国各地新华书店经销。凡向本社邮购图书或音像制品，可通过邮局汇款，在汇单“附言”栏填写所购书目，邮购图书均可享受9折优惠。购书30元(按打折后实款计算)以上的免收邮挂费，购书不足30元的按邮局资费标准收取3元挂号费，邮寄费由我社承担。邮购地址：北京市丰台区晓月中路29号，邮政编码：100072，联系人：金友，电话：(010)83210681、83210682、83219215、83219217(传真)。